河出文庫

14歳からの宇宙論

佐藤勝彦

kawade bunko

河出書房新社

目次

14歳からの宇宙論

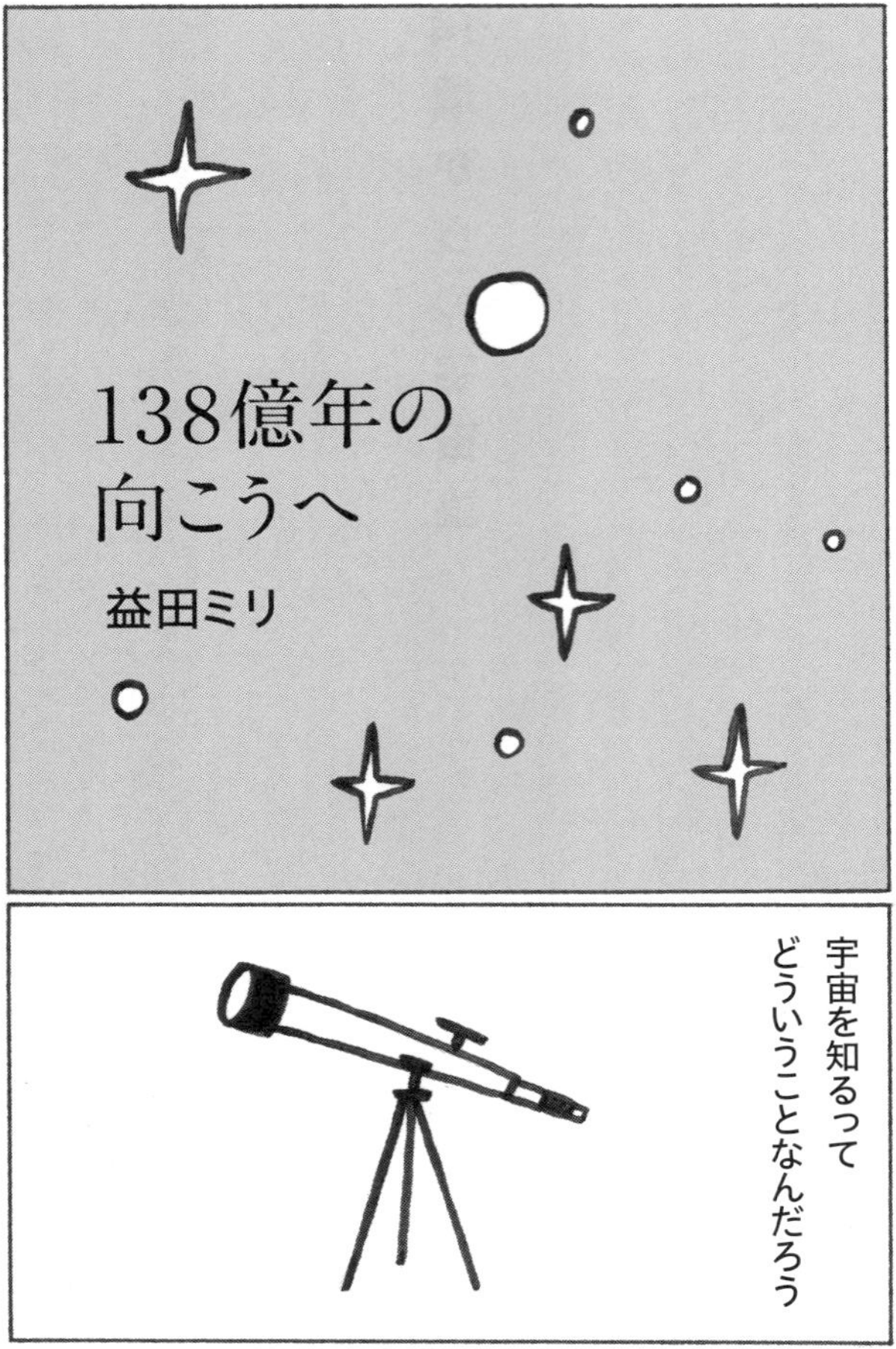
138億年の
向こうへ
益田ミリ
宇宙を知るって
どういうことなんだろう

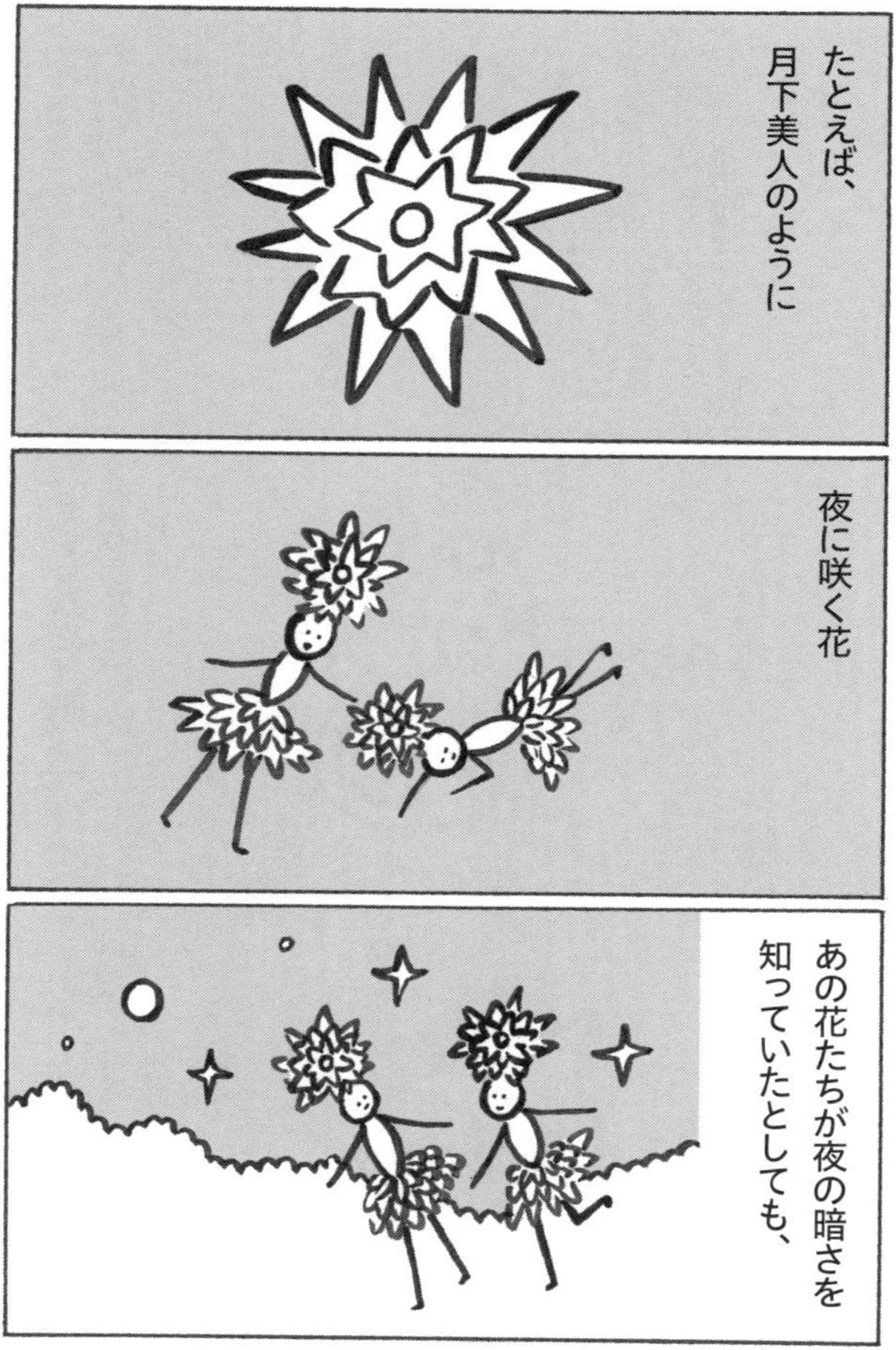
たとえば、
月下美人のように
夜に咲く花
あの花たちが夜の暗さを
知っていたとしても、

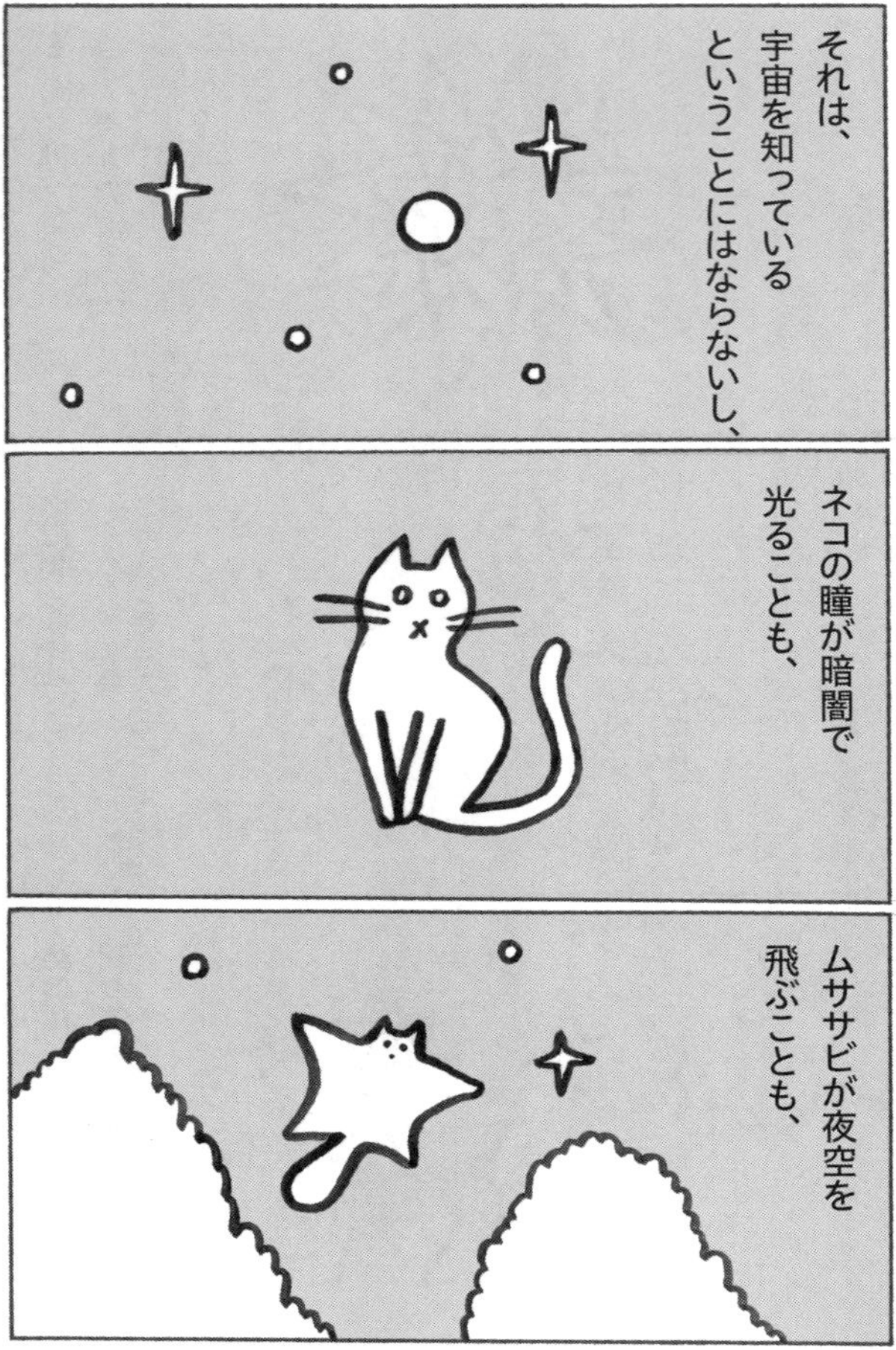
それは、
宇宙を知っている
ということにはならないし、
ネコの瞳が暗闇で
光ることも、
ムササビが夜空を
飛ぶことも、

わたしたち人間が
宇宙を知っていることと
同じではないのです

「だから人間のほうが
えらいんだよ」

って、
自慢したいわけでは
なくて、
わたしたちは、
わたしたちは、
宇宙の存在を
知っている!!

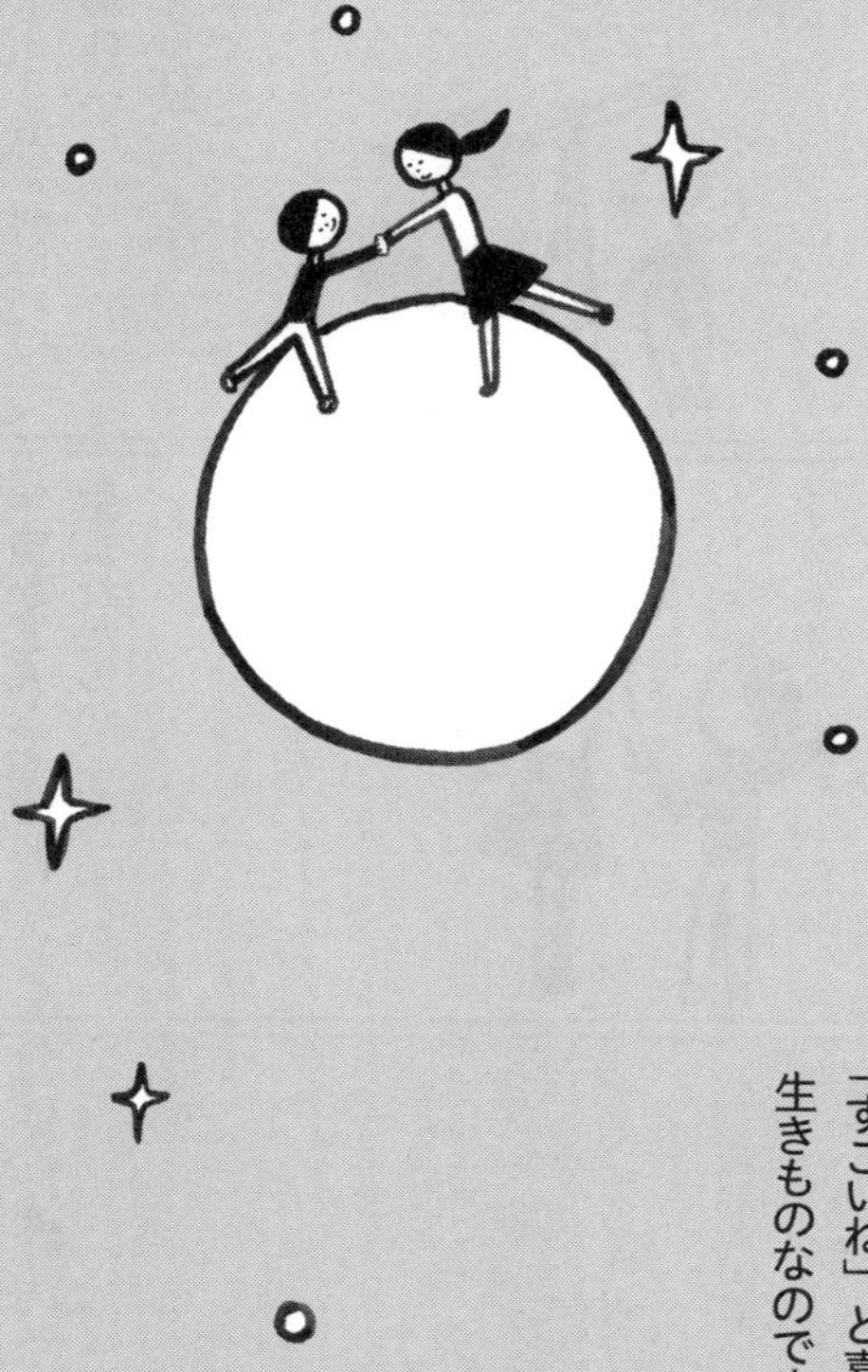

そのことを、
「すごいね」と喜び合える
生きものなのです

宇宙は今から
約１３８億年前に
生まれたと
考えられています

けれど、
宇宙がどんなふうに
生まれたのか、

わたしたちは、
まだ、知らずにいます

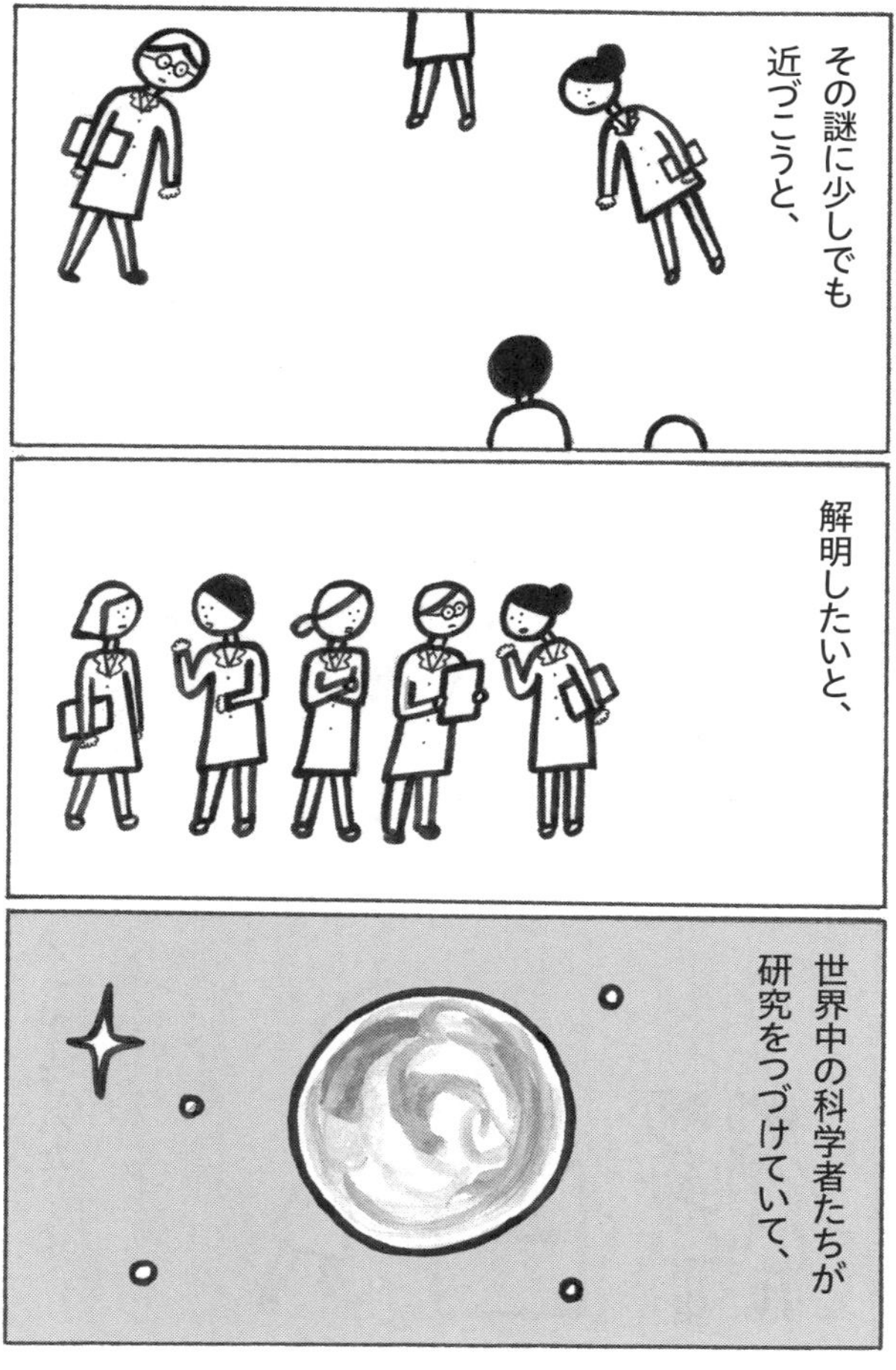
その謎に少しでも
近づこうと、
解明したいと、
世界中の科学者たちが
研究をつづけていて、

ひとつ、発見の箱を
開いたと思っても
時にそれは
新しい発見によって
修正されたり、
くつがえされたり……

けれどそれは
ムダなこと
なのではなく、
その積み重なっていく
層によって、
少しずつ、
少しずつ、

宇宙のなりたちに
近づいているのです

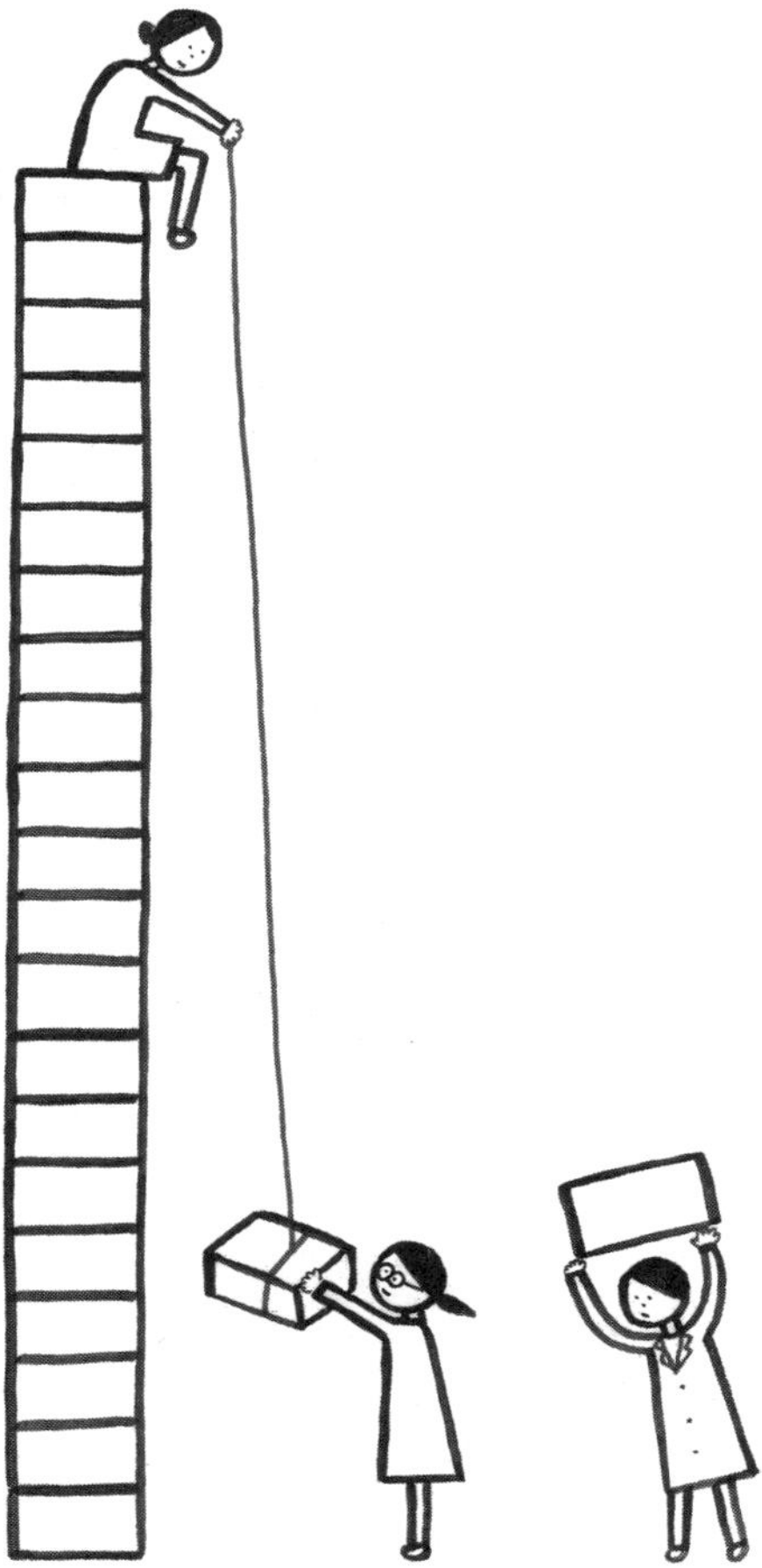

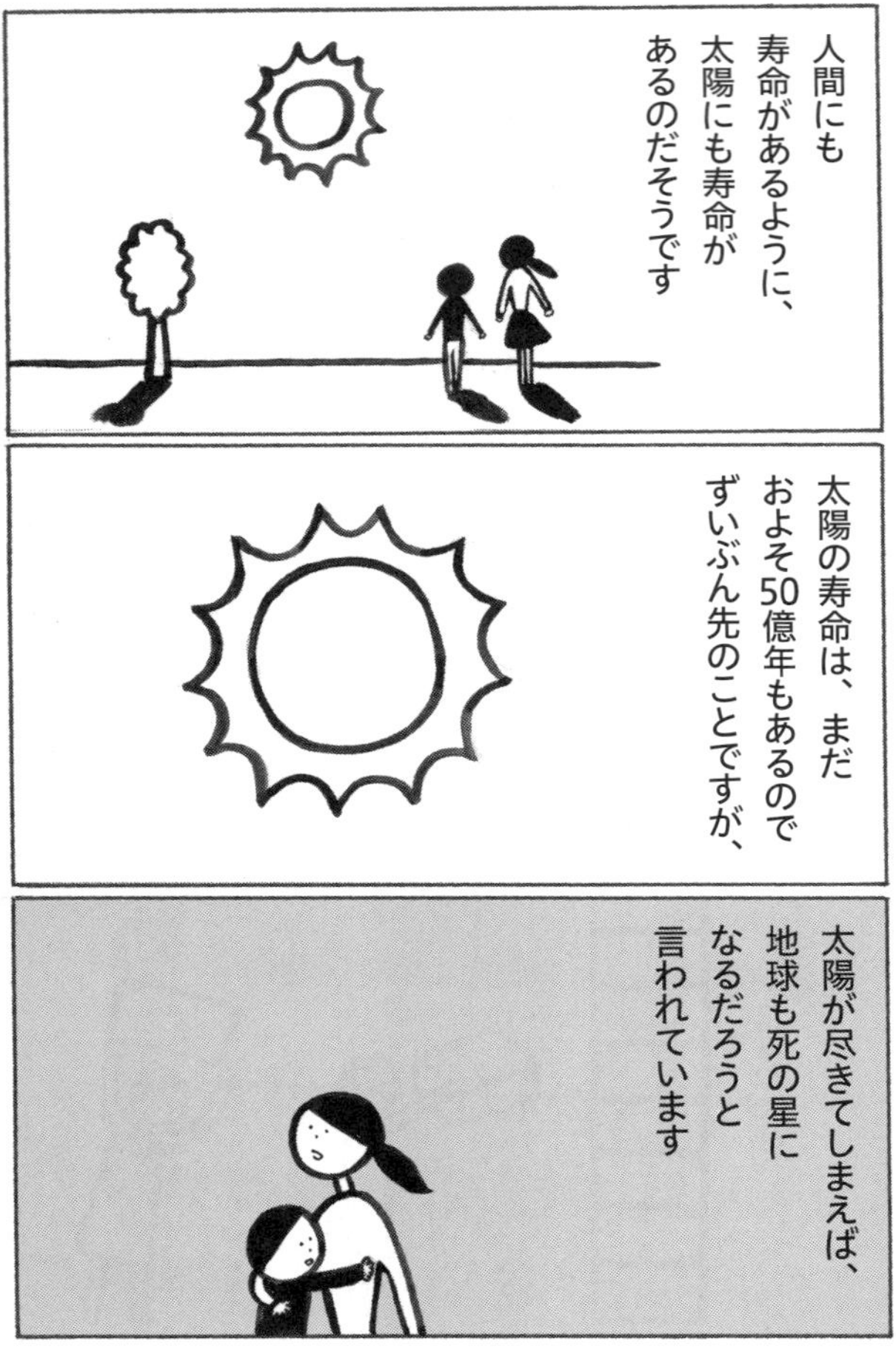
人間にも
寿命があるように、
太陽にも寿命が
あるのだそうです
太陽の寿命は、まだ
およそ50億年もあるので
ずいぶん先のことですが、
太陽が尽きてしまえば、
地球も死の星に
なるだろうと
言われています

いつか消えゆく
わたしたちの星

いつかすべてが
なくなってしまうのなら、
たとえ、宇宙の謎を
解明できたとして
なんになるのでしょう?

いいえ、
そうじゃない！
そうじゃないのです
わたしたちは、もう
知ってしまったのです
宇宙の存在を
知ってしまった以上、
もっともっと知りたいと
思わずには
いられないのです

序章

宇宙はなぜこんなに魅力的なのか

宇宙論への招待

日食は地上の災いの前ぶれ？

みなさんは日食を見たことがありますか。

「あるよ！」とお答えの方は、たぶん二〇一二年の日食をごらんになったのでしょうね。

二〇一二年五月二一日の朝、太陽が月に隠されて細いリング状になる金環《きんかん》日食が、東京や名古屋、京都などの大都市を含む日本列島の広い範囲で見られました。またそれ以外の地域でも、太陽のほとんどが欠ける部分日食を観察できました。専用の日食メガネなどをかけて、金色の指輪や細い三日月のようになった太陽を見て、思わず歓声をあげた方も多いことでしょう。

日食は、太陽と月と地球が一直線上に並ぶことで、地球から見ると太陽の全部または一部が月の影に隠される現象です。現代の私たちは、日食がなぜ起きるのかを科学的に理解していて、日食が将来いつ起きるのかを正確に予測できます。

でも、古代の人々は、日食がなぜ起きるのか、いつ起きるのかがわからなかったので、日食の発生をとても恐れていました。

ある日突然、空に雲もないのに、太陽がどんどん細く欠けていき、ついには消えてしまって、あたりは夜のように暗くなり、空には星が輝きます。このまま太陽は、二度と姿を現さないのではないか——古代の人にとって、それはどれほどの恐怖だったことでしょう。

さらに、日食という天変は、地異すなわち地上の私たちに起きる災いの前ぶれであるとみなされました。

たとえば、日本初の女性天皇として知られる飛鳥時代の推古天皇は、日食の四日前に病気になり、日食の五日後に亡くなったそうです。そのため、日食が帝の死をもたらした、あるいは予言したのだと、古代の人は考えました。西暦六二八年四月一〇日に起きたこの日食は、正式に記録に残る日本最古の日食とされています。

平安時代になると、中国から輸入された暦に基づいて、日食がいつ起きるのかが予想できるようになりました。そこで日食の予報日には、帝や貴族たちは仕事を休み、屋内に閉じこもって日食という凶事《きょうじ》が去るのを待っていたそうです。

日食が悪い出来事の前ぶれだなんて、単なる迷信にすぎないと、みなさんは思われるでしょうね。もちろん私も、そう思います。

でも、日食が起きたために、ある惑星の文明が滅んでしまったという「事例」もあるのです。その惑星の名前はラガッシュといいます。

宇宙の真の姿を知って滅んだ惑星

ラガッシュは、じつは架空の惑星です。アメリカのSF作家アイザック・アシモフが書いたSF小説『夜来たる』の中に登場します。

『夜来たる』は一九四一年に発表された、文庫本で六〇頁ほどの短編小説です。SFの名作・古典の一つとされていて、SFの人気投票があると今でも上位に来る作品です。宇宙の研究者の中にもファンが多く、私もそうですが、一般の方に向けた講演会などで『夜来たる』の話題にふれる方が少なくありません。

以下、ネタバレになってしまうのですが、あらすじをお話ししましょう。

ラガッシュは、なんと六つもの太陽に囲まれた惑星です。空には必ず一つ以上の太陽が輝いているので、一日中明るく、そのためにラガッシュには夜がありませんでした。

日中、青い空を見ていても、そこに無数の星々があるとはわかりません。そのためにラガッシュでは天文学は発達せず、ラガッシュの人たちは六つの太陽と惑星ラガッシュだけが宇宙にあるすべての天体だと信じて、独自の文明を築いていました。

しかし、天文学者のエイトンは、まもなくこの星に夜が来るだろうという研究成果を発表します。これまで知られていなかった惑星が宇宙にはあって、太陽ベータだけが上空にある時にその惑星がベータを隠す、つまり日食が起きることで、半日以上にわたってラガッシュは闇に包まれることがわかった、というのです。それは二〇四九年に一度だけ訪れる、ラガッシュの夜でした。

エイトンの発表を、新聞記者のセリモンは痛烈に批判します。エイトンの主張は、ラガッシュの一部のカルト教徒が信じる黙示録《もくしろく》の中にある、次のような記述とそっくりだったからです。

「二〇五〇年に一度、ラガッシュは巨大な洞窟に入り、太陽はみな消え失せ、全世界が暗闇に閉ざされる。そして『星』というものが現れて、人間たちを獣に変えて、文明をみずからの手で破壊してしまう」

はたして、エイトンの予測のとおり、太陽ベータが未知の惑星に隠されて、二〇四九年に一度の夜がやって来ました。真っ暗になった空に現れた、三万もの星々のきらめきに、エイトンは「我々は宇宙のことを何一つ知らなかった！」と絶望します。一方、ラガッシュの民衆は初めて体験する真の闇に怯《おび》えて理性を失い、光を求めて街に火を放ちます。こうして黙示録のとおりに、ラガッシュの文明は一夜にして滅んでしまったのです。

私たちだって宇宙のことを何も知らなかった！

私たちが住む地球では、幸いなことに、毎晩夜が訪れます。ですから私たちは大昔から、星が散らばる広大な宇宙の姿をよく知っていました。

もちろん私たちだって、四〇〇年前までは「地球は宇宙の中心にあって、太陽や月やすべての星は地球の周囲を回っている」という天動説を信じていました。もっと前の時代では、地球は三頭の巨大なゾウの背中に乗っていて、ゾウは巨大なカメの甲羅の上に乗り、カメはとぐろを巻いた巨大なヘビの上に乗っていて、それが全宇宙だと考えたりしていたのです。これは古代インドにおける宇宙観です。

しかし、アシモフが『夜来たる』を書いた一九四〇年代初めには、人間は宇宙のことをかなりくわしく理解していました。太陽の周囲を地球が回るという地動説が正しいことは、もはや小さな子どもも知っている常識でした。太陽は銀河系という無数の星の集団の一員であることも、銀河系の外に別の銀河がたくさんあることもわかっていました。星からの光を分析することで、星がどんな物質からできているかも判明していました。さらに、星が燃えるしくみについても、星の中で軽い元素が重い元素に変わる核融合反応によって燃えていることが、一九三〇年代に解き明かされました。

もはや人間は、宇宙の大部分を知りつくした――そんなふうに思えたかもしれませんね。

　でも、そうではありませんでした。

　一九四八年、ある物理学者が、こんな新説を唱えます。

「宇宙は昔、超高温で超高密度の状態、つまり小さな『火の玉宇宙』だった。それが膨張しながら温度を下げて、現在の広くて冷たい宇宙になったのだ」

　アメリカの物理学者ガモフが、常識外れの宇宙像を発表したのです。

　この宇宙が、昔は小さな火の玉だった――どこかの神話かカルト宗教の黙示録で描かれそうな、過去の宇宙の姿です。世界中の天文学者はことごとく、ガモフの説に反対しました。ある大物天文学者はラジオ番組で、こんなふうにいったのです。

「ガモフがいうには、宇宙は『ドッカーン』と大爆発して生まれたそうだ。つまり『ドッカーン理論』というわけさ」

　それがそのまま、理論の名前になりました。ドッカーン＝ビッグバン（Big Bang）宇宙論です。

　それが今や、ビッグバン宇宙論は現代の標準的な宇宙論となっています。宇宙がかつて超高温の小さな火の玉だったことを、ほぼすべての科学者が正しいと認めているのです。

ですから、私たちはラガッシュの人たちを笑えません。私たちだって、つい最近まで、宇宙の真の姿を知らなかったのですから。

でも、さすがに二十一世紀の現在なら、私たちは「宇宙のことをよく知っている」と胸を張って答えられるようになった、そう思いたいですよね。

残念ながら、そうではありません。二十一世紀になっても、宇宙には多くの謎が残されています。私たちが知っているのは、宇宙の真の姿の一面にすぎないのです。

地球はどこにあるのか?

では、私たちはどこまで宇宙のことを知ったのでしょうか。ここでは、宇宙の空間的な広がりに関する知識を紹介しましょう。

みなさんは、宇宙の中における地球の住所をご存じですか。

最新の観測によると、地球の住所は次のようになります。

「ラニアケア超銀河団　局所銀河群　銀河系　オリオン腕《わん》　太陽系　第三惑星」

下から順番に説明していくと、「太陽系　第三惑星」の部分、これは地球が太陽系の惑星のうち、太陽から三番目に近い場所を回っていることを表しています。みなさんもよくご存じですね。

次に「銀河系　オリオン腕」ですが、私たちの太陽系は銀河系（天の川銀河ともいいます）という星の大集団の一員です。銀河系には太陽のような星、つまり恒星が一〇〇〇億個もあるとされています。銀河系は円盤状の形をしていて、円盤の直径は約一〇万光年です（次頁の図参照）。一光年は、光が一年間に進む距離で、約九兆五〇〇〇億キロメートルです。

太陽系は、銀河系のオリオン腕という部分にあって、銀河系の中心から二万六一〇〇〇光年ほど離れています。腕（スパイラル・アーム）とは、銀河系の中心から渦を巻くようにして伸びている、星が密集した構造のことです。

銀河系のさらに上の住所にいきましょう。星が銀河という集団を作るように、銀河も集団を作ります。数十個程度の集団の場合は銀河群、一〇〇個以上になると銀河団とよばれます。私たちの銀河系はアンドロメダ銀河などといっしょに、三〇個ほどの銀河からなる局所銀河群という小さな集団を作っています。

銀河群や銀河団はさらにいくつか集まって超銀河団を作ります。おとめ座超銀河団は、一〇〇〇個以上の銀河の大集団であるおとめ座銀河団を中心とした、直径三億光

銀河系を上から見た図

銀河系を横から見た図

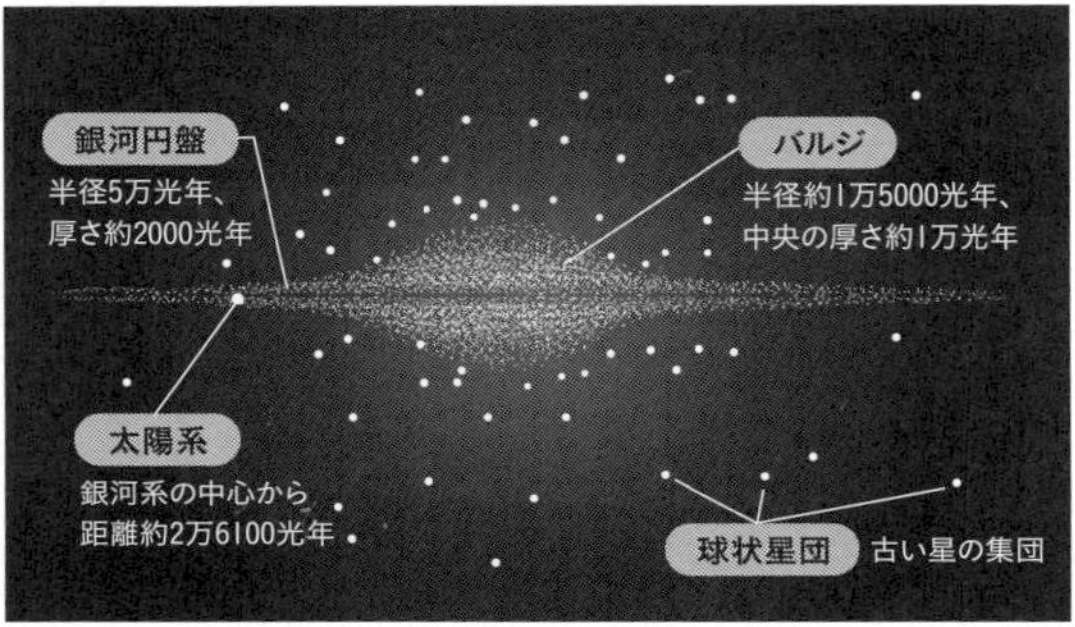

年もの広がりを持つ超銀河団です。私たちの銀河系は、おとめ座超銀河団の端のほうに位置しているとされています。

ですが二〇一四年九月、ハワイ大学の研究者たちは最新の観測結果から、新たに存在が確認された非常に巨大な超銀河団の一部に私たちは属しているという仮説を発表しました。研究者たちはこの超銀河団を、ハワイ語で「広大な天」を意味するラニアケアとよんでいます。その直径は五億光年、存在する銀河の数は一〇万個とのことです。

ところで宇宙には、超銀河団のように銀河が一万個以上も密集して存在する部分がある一方で、何億光年にもわたって銀河がほとんど存在しない領域もあります。こうした空白領域をボイド（空洞のこと）といいます。

一九八〇年代から、宇宙全体に銀河がどのように分布しているのかを調べる「宇宙の地図作り」の研究が進みました。その結果、銀河は泡立てた石けん水のような模様に並んでいることがわかったのです。

薄めた石けん水をコップに少し入れて、ストローで息を吹き込みます。すると、コップの中にたくさんの泡ができて重なり合います。宇宙の中で、この泡の膜《まく》に当たる部分に、銀河が存在しているのです。そして、いくつかの泡の膜同士が接している部

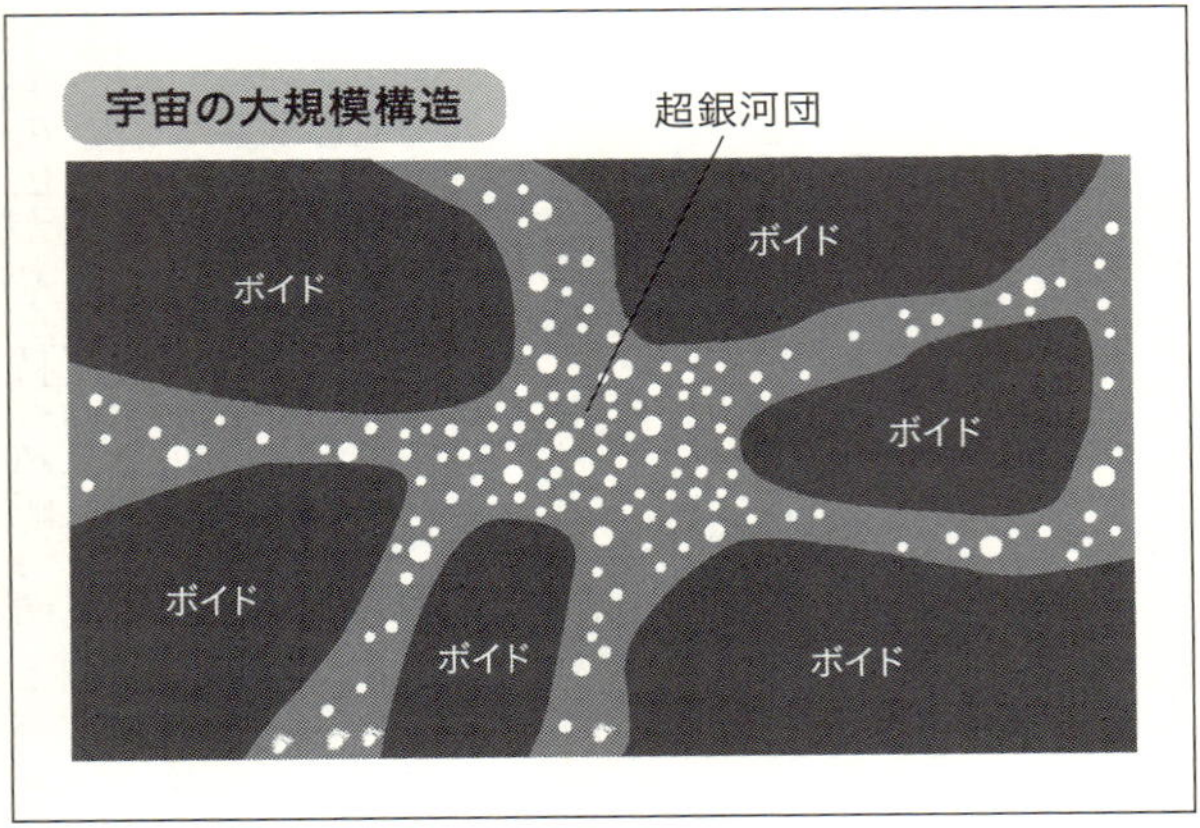

分に、銀河が密集した銀河団や超銀河団があります。一方、泡の内部の空気の部分が、銀河がほとんど存在しないボイドに相当します。

このような泡状の構造を宇宙の大規模構造といいます。これ以上大きな構造は宇宙に見つかっていません。

現在見つかっている、もっとも遠くの銀河までの距離は、一三〇億光年以上もあります。一三〇億光年は、キロメートルで表すと一二三五垓《がい》キロメートルになります。兆の上の桁が京《けい》、その上の桁が垓です。ものすごく巨大な数字のことを天文学的数字とよびますが、宇宙における星や銀河の数や、もっとも遠い銀河までの距離は、まさに天文学的な数字ですね。

遠くの宇宙を見れば過去の宇宙が見える

では、宇宙の歴史に関する知識についてては、どうでしょうか。宇宙がかつて超高温の小さな火の玉だったと考えるビッグバン宇宙論のことを、先ほど少しお話ししました。昔の宇宙のことは、どうすればわかるのでしょうか。

じつは、昔の宇宙のことを知るのは、すごく簡単です。遠くを見るだけです。遠くの宇宙を見れば、過去の宇宙の姿が見えるのです。その理由を説明しましょう。

ものを見るためには、物体の表面に反射した光や、物体そのものが放つ光が、私たちの目に届く必要があります。ですが、私たちが普段、地球上で何かを見る時には、私たちと観察対象との間は何メートルや何キロメートル程度しか離れていません。一方、光は秒速約三〇万キロメートルという、一秒間に地球を約七周半もする猛スピードで進みます。ですから、光は観察対象から私たちまでの間をまさに一瞬で、ほぼゼロ秒で届きます。そのために私たちは、観察対象のほぼ現在の姿を見ることができるのです。

ところが、見る対象が宇宙になると、話は違ってきます。

たとえば、月と地球は平均すると約三八万キロメートル離れています。ですから月の光が地球に届くのに、秒速約三〇万キロメートルで進む光でも、一秒強の時間がかかります。つまり、地球から月を見る時、私たちはいつも一秒ほど過去の月を見ていることになります。私たちが今見ているのは、一秒ほど前に月を出発した光が伝える約一秒だけ昔の月の姿なのです。

同じように、私たちは約八分前の太陽の姿をいつも見ています。太陽と地球の平均距離は約一億五〇〇〇万キロメートル、光で約八分かかるのです。もし万一、太陽が今燃えつきても（そんなことは起こりませんが）、私たちがそれを知るのは今から約八分後のことです。

北極星は、地球から約四三〇光年離れているので、四三〇年前の姿を私たちは見ています。約二三〇万光年離れたアンドロメダ銀河なら、私たちが目にしているのは二三〇万年も前の姿です。

このように、私たちが宇宙を見る時、それは現在の姿ではなく、必ず過去の姿になっています。そしてより遠くの宇宙を見るほど、より過去の宇宙の姿がわかるのです。

望遠鏡で見る宇宙が過去の宇宙であることは、宇宙の研究者や天文ファンにとっては常識ですが、ご存じない方には「そうだったのか！」と驚かれることも多いですね。じつは望遠鏡は、私たちを過去の宇宙へいざなうタイムマシンなのです。

ということで、過去の宇宙の姿を知ることは、原理的には単純なのですが、実際にそう簡単なわけではありません。たとえば、宇宙が超高温の小さな火の玉だったころのようすを、望遠鏡で直接見られるわけではないのです。

では、どうすれば過去の宇宙のことがわかるのでしょうか。

地球の古い歴史を調べる時に、大きな手がかりを与えてくれるのは化石です。化石によって、過去の地球にどんな生命がいたのか、当時の地球の環境がどのようなものだったのかがわかります。

じつは宇宙にも化石があります。それは光の化石です。光の化石を調べることで、宇宙がかつてどんな状態だったのかを知ることができるのです。

光の化石の名前は宇宙背景放射《はいけいほうしゃ》といいます。これはビッグバン宇宙論の強力な証拠になっています。

そのくわしい話は、のちほどじっくりといたしましょう。

「宇宙論」が教えてくれること

ところで、本書には『14歳からの宇宙論』というタイトルがついています。この「宇宙論」とは何か、ご存じでしょうか。

「宇宙『論』なのだから、宇宙についての理論、かな」

そんな感じで、それほど深くは考えずに、本書を手にとられた方も多いのだろうと思います。

宇宙論は天文学の一分野ですが、その内容をひと言で表すと「宇宙全体」のことを考える学問です。

普通、みなさんが宇宙をイメージする場合、太陽系の惑星や、星座を形づくる星々といった天体の姿を思い描くのだろうと思います。ですが、宇宙論が研究対象にするのは、そうした個別の天体ではなく、広大な宇宙全体になります。

「宇宙全体は、どこまで広がっていて、どんな構造をしているのだろう」

「宇宙はいつ、どのようにして生まれたのだろう」

「宇宙の中にある星や銀河やさまざまな物質は、どんなふうに作られたのだろう」

こうしたことが、宇宙論のテーマなのです。ビッグバン宇宙論は、現代の宇宙論における標準理論、つまり誰もが正しいと信じている主流の理論になっています。ですから本書では、ビッグバン宇宙論についてもくわしくご紹介します。

「宇宙論って、なんだか難しそうだな。とっつきにくそうだな」

そんなふうに思われる方もいらっしゃるかもしれませんね。でも、みなさんは幼いころ、こんな疑問をいだいたことはありませんか。

「宇宙の果てには、何があるのだろう」

　これはまさに、宇宙論的な疑問です。

「そもそも、宇宙には果てがあるのかな、ないのかな」

「果てがあるのなら、果ての向こうには何があるのかな。果ての向こうにあるものには、果てがあるのかな。そう考えていくときりがないな」

「じゃあやっぱり、宇宙に果てはないのかな。でも、果てがないって、そんなことがあるのかな」……

　大人になると、そんな素朴な疑問に頭を悩ませるのは時間の無駄のように思えて、宇宙の果てのことなど考えなくなりますよね。

　でも、知りたくありませんか。宇宙には果てがあるのか、ないのか。

　これもくわしくは、本書の中でご説明しますが、ここでは答えだけお教えしておきましょう。

　最新の宇宙論によると、私たちの宇宙の向こうには、縦・横・高さに加えて七つの方向（次元）を持つ、高次元時空が広がっているとされています。

　頭がくらくらしてきませんか？　こんな奇想天外な宇宙論が、宇宙の研究者たちをとりこにしているのです。

想像力の翼で宇宙へ飛び立とう！

それでは、次の第1章以降でお話しする本編の内容をざっと紹介しましょう。

第1章では、宇宙が膨張していることが発見された当時の話をします。宇宙膨張の発見は、コペルニクスによって地動説が唱えられたのと同じくらいの、宇宙観の革命的な転換でした。なにしろ、あのアインシュタインでさえ、宇宙が膨張していることを当初は認めようとしなかったのですから。

第2章では、ビッグバン宇宙論の誕生についてお話しします。過去の宇宙が超高温の火の玉だったというガモフの主張は、当初は天文学者たちから相手にされませんでした。しかし「光の化石」が偶然発見されたことによって、状況が一変したのです。

第3章では、宇宙が生まれてすぐに倍々ゲームのような急膨張をしたというインフレーション理論を説明します。ビッグバン宇宙論が抱えていた多くの問題は、初期宇宙が信じがたい急膨張をとげたと考えることで解決できるのです。

第4章では、ついに宇宙誕生の瞬間に迫ります。じつは現代宇宙論は、宇宙の本当の始まりの状態について、まだきちんと説明できていません。ですがホーキングたちの仮説によると、宇宙は「無」から生まれたのかもしれないのです。

第5章では、わずか二〇年ほど前に生まれた、まったく新しい宇宙論であるブレーン宇宙論を紹介します。先ほど話した「私たちの宇宙の外には高次元の時空が広がっている」という驚くべき理論の話になります。

そして第6章では、宇宙の未来を想像します。宇宙の過去がわかると、未来の宇宙がどうなるのかも予測できます。宇宙は膨張を続けるのか、それとも収縮に転じるのか、それによって宇宙の未来の姿は大きく変わるのです。

いかがでしょうか。わくわくしそうでしょうか。それともスケールが大きすぎて、少し頭が痛くなりそうでしょうか。

「宇宙の始まりや、宇宙の未来を知ったところで、いったい何の役に立つのだろう」

そんなふうに思われる方もいるでしょう。

宇宙の過去や未来を知っても、私たちの日々の生活とはあまり関係がない――それははっきりとたしかです。宇宙全体の姿を理解しても、つらい病気が治るわけではありません。お金を稼ぐことにも役に立ちません。空腹が満たされるわけでもありません。

でも、宇宙についての知識は、あなたが一人で長い夜を、あるいは人生の夜を過ごさなければならない時、あなたを助けてくれることがあると、私は信じています。宇宙について思いをめぐらせることは、人間にとって大きな意義があるはずです。

それは、人間が知的生命だから、「考える葦《あし》」だからです。

人間は、自分を取り巻く世界のことをよく知りたい、それによって自分自身のことを知りたい、自分と世界との関係を知りたい、そう考える生命です。

「我々はどこから来たのか、我々は何者か、我々はどこへ行くのか」という、人間の究極の問いに対する答えの一つは、宇宙から得られると私は思います。

さあ、この小さな本を通して、みなさんも想像力の翼で広大無辺の宇宙へと飛び立ちましょう！

第1章

宇宙はどんどん大きくなっていた!

宇宙膨張の発見

宇宙とは「全空間と全時間」のこと

この章からいよいよ、宇宙論について本格的にお話ししていきましょう。

ところで、みなさんは宇宙という言葉の由来をご存じですか。

日本語や中国語で使われる「宇宙」という言葉は、古代中国の百科事典である『淮《え》南子《なんじ》』に書かれた、次のような一文に由来するといわれています。

「往古《おうこ》来今《らいこん》これ宙といい、四方上下これ宇という」

往古とは過去のこと、来今とは「これから来る今」、つまり現在を含む未来のことです。したがって往古来今は「すべての時間」という意味になります。それが宙である、つまり、宙とは全時間のことなのです。

また、四方上下とは、前後左右上下のすべての方向のことです。つまり、宇とは全空間を表します。

ですから「宇宙」とは、すべての空間とすべての時間を合わせたもの、ということになるのです。

多くの方は、宇宙というと「場所」をイメージされるでしょう。ですから、空間だけではなく時間も宇宙であるというのは、変に思うかもしれません。

でもこれは、現代科学における宇宙の定義とまったく同じなのです。現代の辞典には、宇宙とは「存在する限りの全空間、全時間およびそこに含まれている物質、エネルギー」のことだと記されています（岩波書店『岩波　理化学辞典』より）。

ちなみに、英語で宇宙を意味する言葉には「ユニバース（universe）」や「コスモス（cosmos）」があります。

ユニバースは、ラテン語が語源で、「一つの（uni）」と「回転するもの（verse）」が合わさった言葉です。地球や惑星、太陽、そしてすべての星を含む全空間、そんな意味を持つ言葉です。

一方、コスモスは、古代ギリシャ語で秩序や調和を意味する言葉に由来します。反対語がカオス（混沌）です。ユニバースに比べると「秩序のある体系としての宇宙」というニュアンスが含まれます。宇宙論は英語で「コスモロジー（cosmology）」といいますが、これはコスモスから来ています。

英語の「スペース（space）」にも宇宙という意味があります。これは「地球の大気圏の外の空間」、つまり比較的近くの宇宙空間を指す場合に使われます。

このように、英語で宇宙を表す言葉には、せいぜい空間の意味しかありません。それに比べて、漢字の「宇宙」という語句は、もともと全時間と全空間という意味から来ているので、じつによい言葉だな、と思います。

宇宙とは「全空間と全時間」である――このことが、この第1章で説明することに大きく関わってくるのです。

宇宙を知るための「武器」を持とう

さて、私たち人間が宇宙など自然界のしくみを知ろうとする際には、何かしらの「武器」が必要です。

宇宙を知るための武器には、たとえば望遠鏡があります。

今から四〇〇年以上前、イタリアの科学者ガリレオは、発明されたばかりの望遠鏡を自分で作って、それを宇宙へ向けてみました。望遠鏡で初めて宇宙を見た人物がガリレオだったのです。

ガリレオが見たのは、人類が初めて見る、宇宙の本当の姿でした。

完全になめらかな球体だと思われていた月にも、地球のような山や谷があること。川のように、あるいはミルクをこぼした跡のように思われていた天の川は、無数の星々の集まりであること。そして、大きな木星のまわりを小さな星（衛星）が回っていること。ガリレオは木星と衛星の関係を太陽と地球に当てはめて、地動説を信じるようになったのです。

望遠鏡は道具の武器ですが、知識や学問という武器も、宇宙を知る上で非常に有効です。

たとえば、星からの光の成分を分析することで、その星がどんな物質（元素）でできているのかを知ることができます。これは物理学の一分野である分光学を武器にして、宇宙を知る方法です。

分光学が生まれるまで、はるか彼方《かなた》にあって手の届かない星が、いったいどんな物質でできているのか、それはけっしてわからないことだと思われていました。天文学は「宇宙の地図」を作るためだけのもので、それ以上のことは何もできないとされていたのです。

ですが、光についての研究が進むにつれて、物質は元素の種類ごとに特定の波長の光を放ったり、逆に特定の波長の光を吸収したりすることがわかってきました。これを利用すれば、星からの光の成分を調べる（分光する）ことで、手にふれることができない星の組成を知ることができるのです。

では、宇宙の大きさや構造、宇宙の歴史といった宇宙全体の問題に対しては、私たちはどんな武器を持って立ち向かえばよいのでしょうか。

その答えは、こうです。

「今から一〇〇年前に誕生した『時間と空間の不思議な性質を明らかにした理論』を武器とせよ」

その理論の名を相対性理論といいます。

宇宙論を知ってもらおうとすると、相対性理論に関する知識がいろいろと必要になりますので、まずは相対性理論について、手短にお話ししましょう。

速く動くほど、時間はゆっくり流れる――特殊相対性理論

相対性理論という名前や、このすばらしい理論を打ち立てたのがドイツの物理学者アインシュタインであることは、みなさんもご存じでしょう。ですが、相対性理論には二種類ある、ということは意外に知られていないかもしれませんね。

二種類の相対性理論は、特殊相対性理論と一般相対性理論といいます。特殊相対性理論は一九〇五年に発表されました。一方、一般相対性理論はその一〇年後、一九一五年から一六年にかけて完成しています。特殊相対性理論は基礎の理論であり、一般相対性理論はそれを改良した、より高度な理論になっています。

まずは、特殊相対性理論の内容から紹介しましょう。

特殊相対性理論をひと言で表すなら「速く動くほど、時間がゆっくり流れる」こと

を説明する理論だ、となります。

たとえば、光の九九パーセントの速さで進む宇宙船があったとします。その宇宙船に乗って、宇宙を一年間旅行して、地球に帰ってきたら、地球では七年もの時間が経過しています。地球から見ると、宇宙船が非常に速く動いていたので、宇宙船内では時間がゆっくり流れた、ということになりますね。

スピードが光の速さに近くなるほど、時間の流れはどんどんゆっくりになります。たった数日、宇宙旅行をしてきただけなのに、地球に戻ったら何十年もの歳月が流れていた、というようなことも起こりうるのです。こうしたことを、浦島太郎の伝説にちなんで、日本のSFではウラシマ効果とよんだりするようです。

序章でも話しましたが、光の速度は秒速約三〇万キロメートルという猛スピードであり、宇宙でもっとも速い存在です。それに対して、現代の私たちのテクノロジーでは、もっとも速い宇宙船でも、光の速さの一万分の一以下の速度しか出せません。そのような低速で動いても、時間の流れ方はほとんど変わりません。

とはいえ、新幹線に乗っただけでも、じつはごくわずかだけ、時間の流れはゆっくりになっています。たとえば、新幹線で東京から博多まで旅行すれば、新幹線内では時間の流れがおよそ一〇億分の一秒だけ遅くなります。逆にいうと、新幹線の外の世界では、時間は一〇億分の一秒だけ速く進むわけです。

つまり、あなたが博多で新幹線から降りれば、あなたは一〇億分の一秒だけ未来の世界に来たことになります。あなたは未来へタイムトラベルをしたのです。もちろん、そんなごくわずかなタイムトラベルでは、あなたはそこが未来であることにけっして気づけないでしょうが。

光は誰が見ても、同じ速さに見える

速く動くほど時間がゆっくり流れるだなんて、にわかには信じがたいですね。なぜそんなことがいえるのでしょうか。

その理由は、光の奇妙な性質にあります。光の速度は、どんな速さで動いている人が測っても、必ず一定の値になるのです。なぜ奇妙なのかといえば、速度というものは、それを見る人の運動のようすによって、さまざまな値で観測されるもののはずだからです。

たとえば、時速六〇キロメートルで走っている電車があったとします。この時速六〇キロメートルというのは、地面に立っている人が測った場合の速度の値です。もし、時速四〇キロメートルで走る自動車に乗って、電車とすれ違えば、電車は時速一〇〇キロメートルに観測されます。このように、速度は観測者の動きによって、さまざまな値で観測されるものだというのが、従来の物理学の常識でした。

ところが、光の速度だけは、どんな動きをする人が測っても、必ず秒速約三〇万キロメートル（正確には秒速二九万九七九二・四五八キロメートル、真空中の場合）という一定の値で観測されることが知られていました。二十世紀の初めごろの科学者は、この奇妙な現象をどう説明すればよいのか、頭を悩ませていたのです。

これに答えを出したのが、アインシュタインの特殊相対性理論でした。

アインシュタインは、光の速度が誰からも一定の速度に見えることを、奇妙だとは考えませんでした。逆に「それが光の性質なのだ」と素直に受け入れて、それを土台にして、時間や空間の性質を見直そうとしたのです。

速度とは、移動距離を移動時間で割って得られる値です。したがって、光の速度の奇妙な性質を受け入れれば、これまで見落とされていた時間や空間の新たな性質を発見できるはずだ――アインシュタインはこう考えたのです。

動いている「光時計」がゆっくり進む理由

アインシュタインが考えたことを、次のような例で説明しましょう。

筒の長さが三〇センチメートルで、筒の上と下に鏡がついていて、その間を光が往復しているという「光時計」を作ります。光は一ナノ秒（一〇億分の一秒）の間に、約三〇センチメートル進みます。したがって、光は一ナノ秒ごとに筒の内部を上から下へ、または下から上へと行き来し、そのたびにカチカチと時を刻む、そんな時計が光時計です。

実際には、これほどわずかの時を正確に刻む時計を作ることは、現代の技術でも不可能です。これは頭の中で考えて行う思考実験というものになります。アインシュタインはこうした思考実験が非常に得意だったそうです。

では、この光時計を持った宇宙飛行士が、光の九〇パーセントの速度で飛ぶ宇宙船に乗り込むとしましょう。ただし、光時計の筒の上下方向と、宇宙船の進行方向とは、ちょうど垂直になるように光時計を設置します。

宇宙船がある星の近くを通り過ぎた時、その星に住む宇宙人が光時計のようすを見たとします。光が時計内を往復している間に、宇宙船は光の九〇パーセントの速さで進んでいます。ですから宇宙人から見ると、光時計も光の九〇パーセントの速さで移動します。そして時計の内部の光はジグザグの経路を描きながら反射をくり返しているようすが見て取れることになります。

次頁の図のように、宇宙人から見ると、時計内の下部の鏡で反射された光が上部の鏡に届くまでに、光は三〇センチメートルよりも長い距離を進みます。ですが、光の速度は常に一定なので、一ナノ秒に三〇センチメートルしか進めません。つまり宇宙人から見ると、光は一ナノ秒よりも長い時間をかけて筒の内部を行ったり来たりし、光時計はカッチッ、カッチッとゆっくり時を刻むことになります。これは、動いている時計がゆっくりと進むことを意味しているのです。

そして、これは時計だけに起きる現象ではなく、あらゆるものは速く動くほど、時間の流れがゆっくりになります。超高速の宇宙船に乗れば、宇宙飛行士の寿命も伸びるのです。

特殊相対性理論は他にも「速く動くほど、進行方向の長さが縮む」「速く動くほど、重くなる」などの真理を見いだしました。有名な $E=mc^2$ の式が意味する「物質の内部には莫大なエネルギーが存在する」ということも、特殊相対性理論によって説明されます。これらはすべて「光の速度が誰からも一定の速度に見える」ことから導かれる結論なのですが、紙面に限りがありますので、本書ではくわしい説明を割愛いたします。

光時計

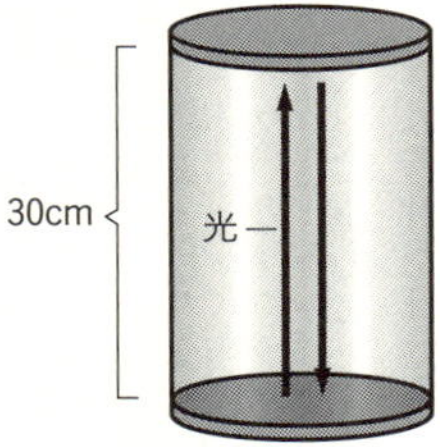

1ナノ秒（10億分の1秒）ごとに
光が筒の中を行き来して
カチカチと時を刻む。

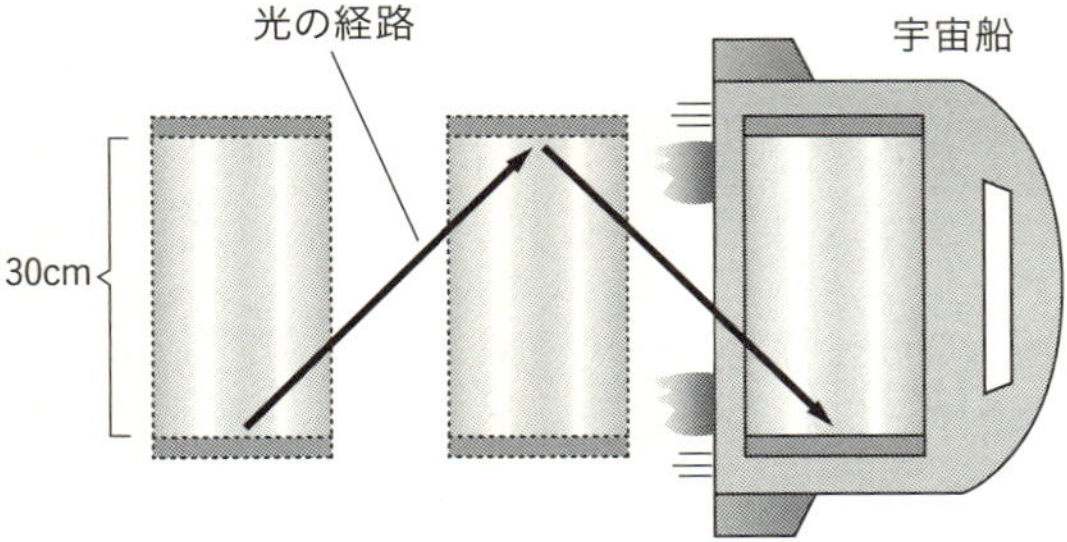

光は30cmより長い
ジグザグの経路を進んでいる。

宇宙船に乗せた光時計を宇宙人が見ると、
光時計はゆっくりと時を刻むように見える。

重いものは、空間を曲げる――一般相対性理論

続いて、もう一つの相対性理論、一般相対性理論を紹介しましょう。じつはこちらが、宇宙論にとってより大事な理論になります。

一般相対性理論を、やはりひと言で表現するならば、「重いものほど、周囲の空間や時間が大きく曲がる」ことを説明する理論だ、となります。

空間や時間が曲がるといわれても、それがどんな状態なのか、よくわからないでしょうね。まずは「空間が曲がる」ということを説明しましょう。

空間が曲がるというのは、薄いゴムの膜《まく》の上にボールを置いた状態をイメージするといいでしょう（次頁の図参照）。ボールの重さによって、ゴム膜の表面は少しへこみます。このへこみが、空間の曲がりに相当します。そしてボールが重くなるほど、ゴム膜は大きくへこみます。つまり、空間が大きく曲がるのです。

さらに、最初のボールから少し離れた場所に、ボールをもう一つ置きます。するとゴム膜はさらにへこみます。しかも、二つのボールはゴム膜のへこみに沿ってころころと転がって近づき、最後にはくっついてしまいます。

このくっつく動きは、私たちが重力（あるいは万有引力）とよんでいるものに相当します。重力という力の存在は、それまでもよく知られていましたが、なぜ重力とい

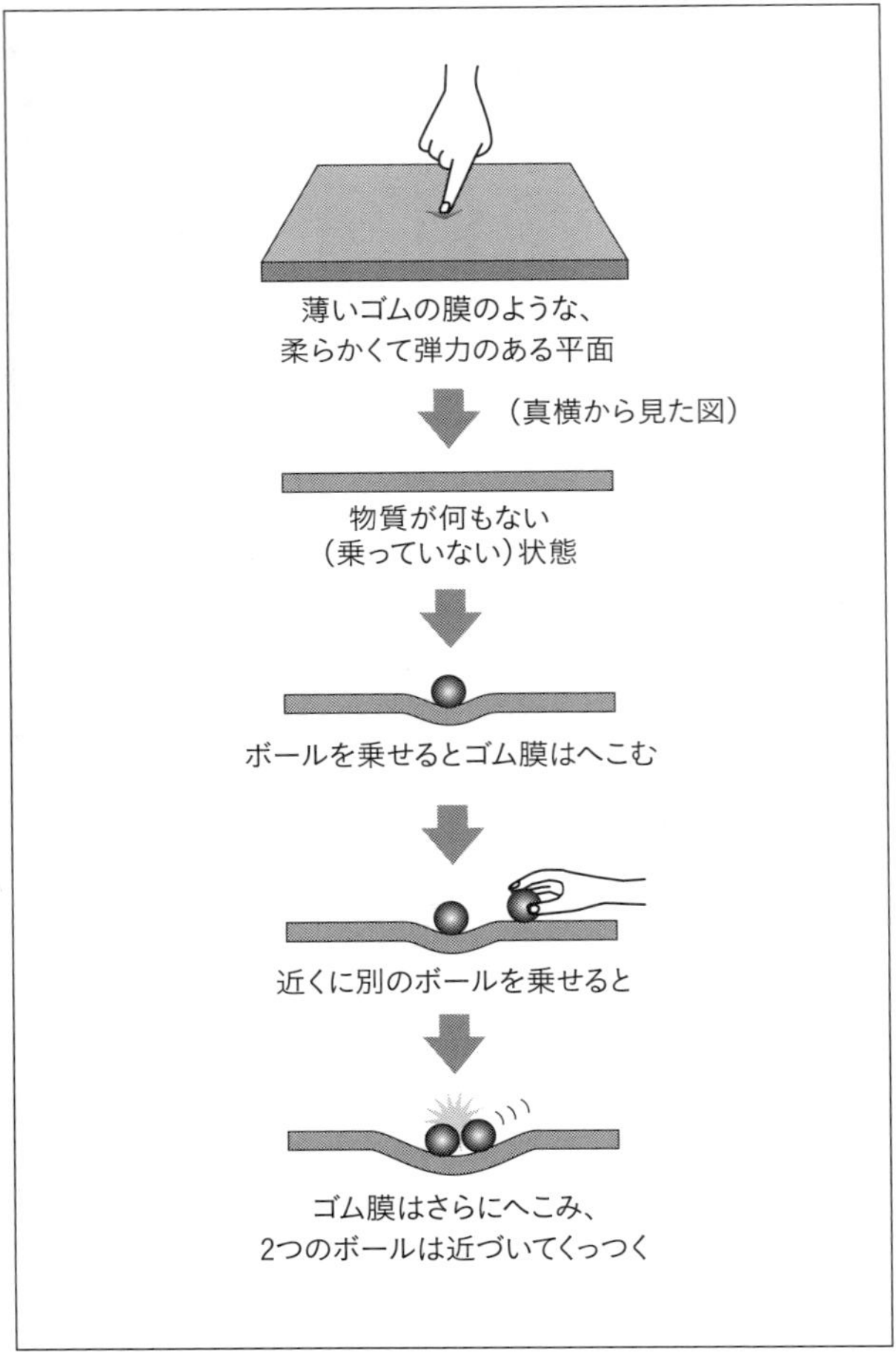
薄いゴムの膜のような、
柔らかくて弾力のある平面
(真横から見た図)
物質が何もない
(乗っていない)状態
ボールを乗せるとゴム膜はへこむ
近くに別のボールを乗せると
ゴム膜はさらにへこみ、
2つのボールは近づいてくっつく

う力が働くのか、その理由を説明できる人はいませんでした。アインシュタインのおかげで、重力は空間の曲がりが引き起こしている現象だとわかったのです。

一方、「時間が曲がる」というのは、時間の流れがゆっくりになることを意味します。つまり、重いものの周囲では、時間がゆっくりと流れるのです。重いものの周囲では空間が曲がっていて、重力が強くなるので、「重力が強くなるほど、時間がゆっくりと流れる」ともいえます。

宇宙にはブラックホールという天体が存在します。ブラックホールは、非常に重い星が一生の最後に大爆発を起こしてできる、重力が極端に強い天体です。そのため、ブラックホールの周囲にいると、時間の流れも極端に遅くなります。

二〇一四年に公開されたアメリカのＳＦ映画『インターステラー』に、次のような場面がありました。主人公たちはブラックホールの近くでトラブルに巻き込まれて、脱出に三時間ほどかかってしまいます。ようやく母船に戻ってくると、ブラックホールから離れていた母船では二三年四ヶ月と八日もの時間が経っていて、母船に一人で残っていた乗組員はすっかり老けてしまっていた、というものです。これはもちろんＳＦの中での出来事ですが、実際に同じ状況になれば、本当に時間の流れがこれほど遅くなるのです。

相対性理論のお世話になっている「GPS」

相対性理論が説明するような現象は、光の速さに近い速度で動く場合や、重力が極端に強い場合でない限り、ほとんど無視できるものです。ですから、私たちの日常生活では、相対性理論が活躍できる場面は多くありません。一方で、宇宙のような広大な世界を相手にする場合には、相対性理論の影響をきちんと考える必要があります。

ただし、私たちの身近にも、相対性理論のお世話になっているものがあります。それはカーナビなどで使われるGPS（Global Positioning System 全地球測位システム）です。

GPSは、高度約二万キロメートルの軌道上を約半日で周回する約三〇機のGPS衛星のうちの四〜五機から電波を受信して、自分の現在地を割り出すしくみです。カーナビの受信機がGPS衛星からの電波を受信すると、電波の発信時刻と受信時刻の差からGPS衛星までの距離がわかります。GPS衛星の位置は正確にわかっているので、それらの情報から自分の現在地が計算によって求められるのです。

GPS衛星は高度二万キロメートルの上空を猛スピードで周回しています。そのため、GPS衛星の時計（電波の発信時刻を知らせます）は、まず、特殊相対性理論が示す「速く動くほど時間がゆっくりと流れる」という影響を受けて、地上の時計より遅く進みます。一方、一般相対性理論は「重力が強くなるほど、時間がゆっくりと流れる」ことを示します。地球の重力の影響は地上よりも上空のほうが小さいため、上空にあるGPS衛星の時計は、今度は逆に地上の時計より速く進みます。

結局、GPS衛星の時計は、運動の影響と重力の影響との両者が複合されて、時間の進み方に変化が生じます。具体的には、GPS衛星の時計は地上の時計よりも一日当たり三八マイクロ秒（一〇〇万分の三八秒）速く進みます。

わずかな誤差に思えるかもしれませんが、これは無視できません。なぜなら、電波は光と同じく、秒速約三〇万キロメートルで進むからです。そのため、三八マイクロ秒の間に、GPS衛星からの電波は約一一キロメートル進みます。これは、何も補正をしないと、位置の測定結果が一日で一一キロメートルもずれてしまうことを意味します。これではGPSは使いものになりませんよね。そのため、GPS衛星の時計は、地上の時計よりも一日当たり三八マイクロ秒遅く進むように、きちんと補正してあるのです。

先ほどは「日常生活では相対性理論が活躍できる場面は多くない」と書きました。でも、現代の生活がGPSのようなハイテクに支えられていることを考えると、相対性理論は私たちの日々の暮らしに欠かせないものになった、ともいえますね。

アインシュタインの宇宙モデル

さあ、お待たせしました。私たちは今や、相対性理論という強力な武器を手に入れました。この武器を使って、宇宙全体の問題に取り組んでみましょう。

一般相対性理論によれば、モノ（物質）があると、その周囲の時空（時間と空間をまとめて考えたもの）は曲がります。物質が重いほど、時空は大きく曲がります。

ここで、視点を宇宙に向けてみます。宇宙には、星の大集団である銀河や、銀河の集団である銀河団などが無数に存在します。宇宙を空間（時空）、銀河や銀河団を物質と考えれば、一般相対性理論を使って、宇宙と、その中にある銀河や銀河団などの物質との関係を探ることができます。「中身」である銀河や銀河団が、「入れ物」である宇宙全体にどんな影響を与えているのか、そんなことを調べられるのです。

それにチャレンジしたのは、他ならぬアインシュタインでした。

一般相対性理論の発表後、アインシュタインはただちに自分が作ったこの理論をもとにして、宇宙全体のようすを考えてみました。すると、予想もしなかった答えが出てきたのです。それは「宇宙は大きさを常に変えている」というものでした。

重力場の方程式
（一般相対性理論の基本となる式）

$$R_{\mu\nu} - \frac{1}{2} g_{\mu\nu} R = \frac{8\pi G}{c^4} T_{\mu\nu}$$

改変

$$R_{\mu\nu} - \frac{1}{2} g_{\mu\nu} R + \Lambda g_{\mu\nu} = \frac{8\pi G}{c^4} T_{\mu\nu}$$

宇宙項
（斥力を働かせる）

一般相対性理論に基づいて計算してみると、宇宙の内部にある物質の重さによって、宇宙空間は曲がることがわかりました。その結果、宇宙全体が大きさを変えてしまうのです。銀河や銀河団などの物質量が多いと宇宙は収縮し、逆に物質量が少ないと宇宙は膨張してしまいます。

ですが当時、宇宙が大きさを変えているとは、誰も思っていませんでした。アインシュタインも、宇宙は大きさを変えたりはしない、永遠に同じ大きさを保っていると信じていました。

思い悩んだアインシュタインは、一般相対性理論の中の方程式に手を加えて、宇宙空間が「斥力《せきりよく》（押し返す力）」を持つようにしました（上の数式参照）。こうすると、物質同士は重力で引き合いますが、空間がそれを斥力で押しとどめるために、宇宙全体の大きさが常に一定になります。

しかし、宇宙空間に斥力が働いていることを示す観測的な証拠はありませんでした。そこでアインシュタインは、斥力の値をかなり小さなものに調整しました。こうすると、太陽系や銀河系レベルでは斥力の影響がなく、何億光年というスケールで初めて効果が現れることになるので、観測との矛盾も生じないのです。

一九一七年にアインシュタインは、作り変えた方程式に基づいて「宇宙は一定の大きさを保っている」「宇宙は永遠不変の存在である」という説を発表しました。これをアインシュタインの宇宙モデルといいます。また、作り変えた方程式の中で、宇宙空間が斥力を持つとした部分のことを宇宙項《うちゅうこう》とよびます。

アインシュタインの説に反対した科学者たち

アインシュタインは「宇宙は大きさを変えたりしない」という自分の思い込みに合うように、理論のほうを作り変えてしまったわけですが、当時、宇宙が大きさを変えているという観測結果はもちろんありませんでした。理論を信じてまだ観測されていない現象を予言するのか、それとも理論を修正して現象に合うようにするのかは、科学者のセンスや力量、哲学によるものです。実験や観測の結果を捏造《ねつぞう》するのは科学者が絶対にしてはいけないことですが、アインシュタインは理論家であり、理論を改変したところで何ら責めを負う必要はありません。もちろん、結果としてアインシュタインは宇宙の膨張を自分で予言しなかったので、その点では失敗なのですが。

ただ、「アインシュタインの宇宙モデル」は非常に不安定で、山の頂上にボールをそっと乗せて「ボールは安定している」といっているようなものなのです。もし何らかのゆらぎがあれば、ボールはすぐに転がり落ちてしまいます。ボールが転がり落ちることは、宇宙が膨張や収縮をすることに相当します。そんな不安定なモデルであり、それをアインシュタインもきっとわかっていたはずなのに、何でこんなモデルで満足していたのか、その点は不思議です。

そして当時も、アインシュタインの説に反対した科学者がいました。ロシアの数学者フリードマンや、ベルギーの物理学者ルメートルです。彼らは一般相対性理論に基づいて素直に考えて、宇宙が一定の大きさを保つことは難しく、膨張したり収縮したりするはずだという結論にたどりついたのです。

ですが、アインシュタインは彼らの主張を認めませんでした。国際会議で見かけたルメートルに自分から近づいて「君の考えはいまわしいね」とわざわざ告げたほどだったそうです。

当時は「宇宙は永遠に大きさを変えない」というのが常識でした。時間や空間に関する常識を打ち破って相対性理論を作ったアインシュタインが、宇宙についての常識にはとらわれてしまい、自分の理論から素直に出てくる結論を信じられなかったというのは興味深いことです。

すべての銀河が、地球から遠ざかるように動いている？

宇宙を知るための武器になるはずの相対性理論が、それを作った本人によってねじ曲げられたようなことになって、なんだか雲行きがあやしくなってきました。でも、大丈夫です。私たちの武器は、他にもあります。それは宇宙を知るためのもっとも基本的な武器である望遠鏡です。

アインシュタインの宇宙モデルが発表されたころ、世界の天文学を牽引《けんいん》していたのは、新興国アメリカでの巨大望遠鏡を使った観測でした。「石油王」ロックフェラーや「鋼鉄王」カーネギーといった、巨大資本家が登場していたアメリカでは、彼らが巨額を寄付して私設の天文台を建設していたのです。

その一つのウィルソン山天文台は、ロサンゼルスの北にカーネギーなどが出資して作られました。天文台自慢の、当時の世界最大口径（二・五メートル）の望遠鏡を使って毎晩銀河の観測をしていたのは、天文学者ハッブルでした。

ハッブルは、遠方の銀河までの距離と、銀河の運動速度を数多く調べていました。そして、ある不思議な規則性に気づいたのです。それは次のようなものでした。

「すべての銀河が、地球から遠ざかるように動いている」

「しかも、銀河が遠ざかる速度は、銀河までの距離に比例している」

これはいったい、何を意味しているのでしょうか。

ゴム風船を使った、こんな実験をしてみます。膨らませる前のゴム風船の表面に、次頁の図のように印をつけてみます。真ん中（A）が地球のある場所で、それ以外は銀河（別の銀河団に属する銀河）を表すものとします。

風船を膨らませれば、すべての印は点Aから遠ざかるように動きます。しかも、点Aからより遠くにある印ほど、より大きく（つまりより速く）遠ざかります。その遠ざかる速さは、それぞれの印までの距離にきれいに比例しています。これはまさに、ハッブルが発見したことと同じです。

つまり、すべての銀河が地球から遠ざかり、その後退速度が銀河までの距離に比例することは、銀河が存在する宇宙全体が風船のように膨張していることを意味するの

ハッブル-ルメートルの法則

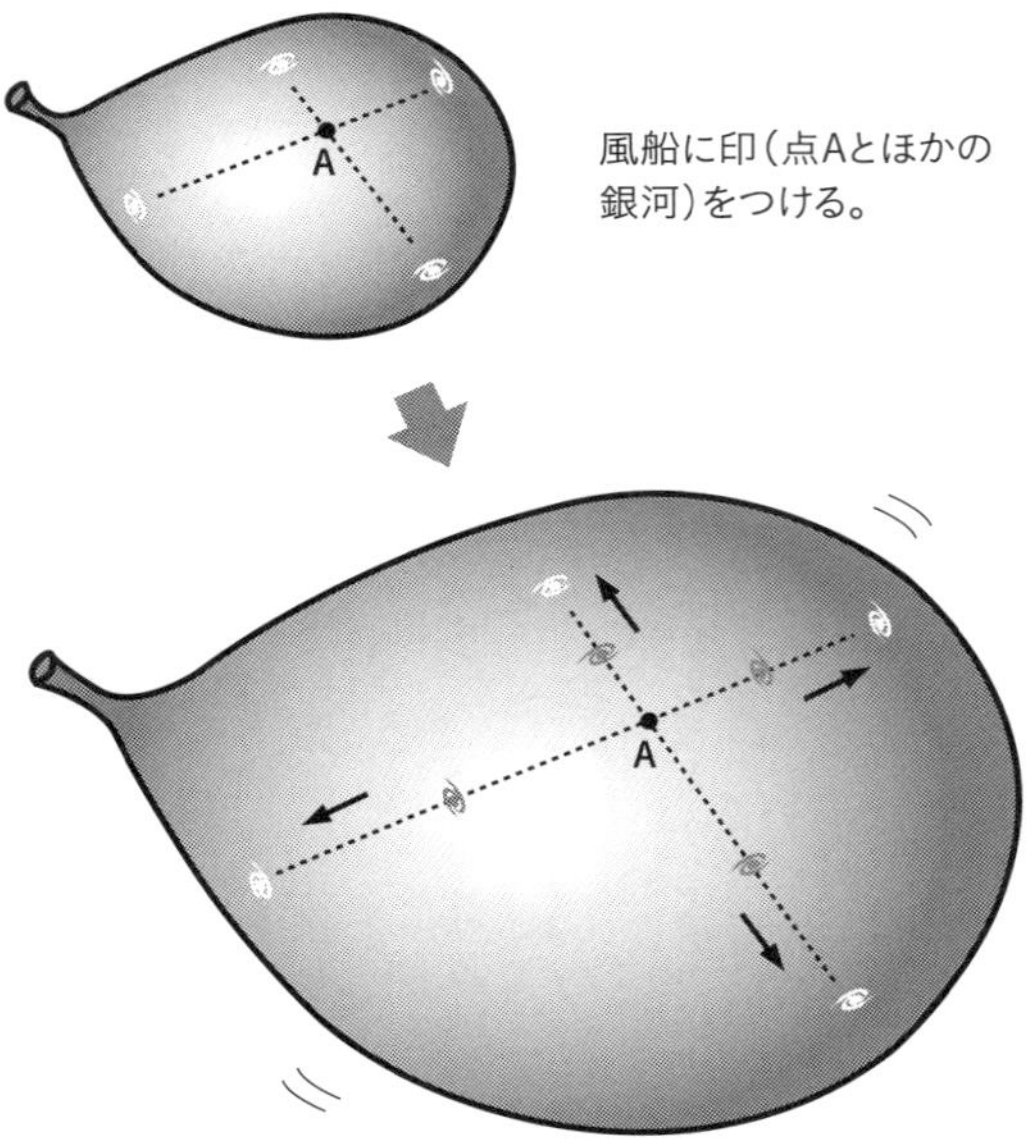

風船に印(点Aとほかの
銀河)をつける。

風船を膨らませると、すべての銀河が
点Aから遠ざかるように動く。
しかもそれぞれの銀河が遠ざかる速さは
各銀河までの距離に比例する。

です。もしもそれぞれの銀河が勝手な方向へ動いたら、このような比例関係は絶対に生じないはずだからです。

銀河までの距離に比例して銀河の後退速度が速くなる、という規則性はハッブル－ルメートルの法則とよばれます。そしてハッブル－ルメートルの法則が成り立つことこそ、宇宙が膨張していることを示す疑いようのない証拠なのです。

なお、ハッブル－ルメートルの法則は、以前は「ハッブルの法則」とよばれていました。ですが、ハッブルが銀河の後退速度と距離の比例関係を示す有名なグラフを載せた論文を一九二九年に発表するよりも前に、ルメートル（67頁）が、宇宙が膨張する場合、銀河の後退速度が銀河までの距離に比例すると考え、当時の観測データを用いて宇宙の膨張率（今日のハッブル定数：75頁）を求めていたのです（一九二七年）。そのため、二〇一八年に開催された国際天文学連合の総会で、「宇宙の膨張を表す法則は、今後『ハッブル－ルメートルの法則』とよぶことを推奨する」ことが決議されました。

宇宙膨張の速さをどう調べるか

ハッブルは「銀河までの距離に比例して、銀河の後退速度が速くなる」という観測事実から、宇宙が膨張していることを見抜きました。ところで、銀河までの距離と銀河の後退速度は、どのように測定するのでしょうか。

二つのうち、後者の銀河の後退速度は、銀河からの光の波長がどのくらい引き伸ばされて地球に届いているのかを調べることで、比較的簡単にわかります。

救急車が遠ざかる時、音の波長が引き伸ばされるためにサイレンの音が低く聞こえることをドップラー効果といいます。これと同じ原理が、光にも働きます。

光の場合、波長が引き伸ばされると赤っぽく見えるので、こうした現象を赤方偏移《せきほうへんい》といいます。赤方偏移の値が大きい、つまり光の波長が大きく引き伸ばされているほど、その銀河はより速く遠ざかっていることになります。赤方偏移の程度から、銀河の後退速度は精度よく決定できます。

これに対して銀河までの距離の測定は非常に困難です。天文学でもっとも難しいのは、じつは天体までの距離の測定です。より遠方の天体になるほど、精度よく測定するのが難しくなります。

遠方の天体までの距離を測る時、天文学では標準光源とよばれる天体を探します。これは明るさがあらかじめわかっている星のことです。ハッブルが標準光源として使ったのは、セファイド型変光星《へんこうせい》という星でした。

変光星は、星の明るさが一定ではなく、変化する星です。セファイド型変光星は明るさが周期的に変化し、その変光周期が長いほど本来の明るさが明るいという特徴があります。セファイド型変光星はどの銀河でも見つかるので、その変光周期を観測することで、本来の明るさを割り出します。それと見かけの明るさを比べれば、銀河までの距離がわかるのです。

ただし、ハッブルがセファイド型変光星だと考えた星は、じつは別のタイプの変光星でした。それに気づかなかったハッブルは当初、それぞれの銀河までの距離を、実際の約五分の一に見積もってしまいました。

銀河までの距離を銀河の後退速度で割ると、宇宙膨張の速さがわかり、そこから宇宙の年齢を推定できます。ハッブルの当初の計算によると、宇宙の年齢は約二〇億年となりました。

ですが当時、地球の岩石で三〇億年以上前に作られたとわかるものが見つかっていました。宇宙の年齢が地球の岩石の年齢よりも若いというのは、明らかに変です。のちに銀河までの距離を訂正した結果、宇宙の年齢は五倍の一〇〇億年以上と修正され、地球の古い岩石の年代との矛盾は解消されたのです。

生涯最大の不覚……ではなかった？

さて、ハッブルは一九二九年にハッブル－ルメートルの法則を発表しました。巨大望遠鏡で宇宙を観測することによって、宇宙が膨張していることを示すたしかな証拠が得られたのです。

宇宙の膨張を認めてこなかったアインシュタインは、ウィルソン山天文台を訪れて、ハッブルから直接、観測データの説明を受けたそうです。その結果、宇宙が膨張しているという事実をようやく認めて、「宇宙は大きさを変えない」としたみずからの宇宙モデルを撤回しました。

のちにアインシュタインは、こう語ったといわれています。

「宇宙項を導入したことは、私の生涯最大の不覚だった」

最終的に自分の間違いを正直に認めた点は、アインシュタインの科学者としての良心を示しているといえるでしょう。

さらに、彼の名誉のためにもう一つ。アインシュタインが生涯最大の不覚と嘆いた宇宙項は、じつは本当に存在していた可能性が急浮上しているのです。

近年の観測によると、宇宙は膨張の速度を次第に速めていることがわかってきました。その原因は、宇宙空間が持つ未知の斥力ではないか、という説が支持を集めています。

アインシュタインは、宇宙が膨張や収縮をしないで一定の大きさを保つように、宇宙項を導入しました。でも、実際の宇宙は大きさを変えていたのですが、宇宙項が存在する、宇宙空間が斥力を持つということ自体は、間違っていなかったのかもしれないのです。

数千万光年を見通す視力

ところで、宇宙が膨張すると聞くと、こんなことを思う人がいるかもしれません。

「宇宙が膨張したら、それといっしょに、人間の体や地球も膨張したりしないのだろうか？」

これは大変鋭い質問ですが、答えをいう前に、宇宙がどのくらいの速さで膨張しているのかを見てみましょう。

宇宙が膨張する速さはハッブル定数という値で表されます。その値は、最新の観測結果によると「約六七キロメートル毎秒毎メガパーセク」です。これは「一メガパーセク離れた距離が、一秒ごとに約六七キロメートル遠ざかる」ことを意味します。

パーセクは天文学で使われる距離の単位で、約三・二六光年になります。メガとは一〇〇万倍のことなので、一メガパーセクは三二六万光年です。一光年は約九兆五〇〇〇億キロメートルなので、一メガパーセクは約三一〇〇京《けい》キロメートル（一京＝一兆の一万倍）に相当します。

つまり、三一〇〇京キロメートル先にある天体が、一秒後には三一〇〇京とんで六七キロメートル先になる、それが宇宙の膨張です。太陽と地球との間は、平均で約一億五〇〇〇万キロメートル離れています。それが毎秒三ミクロン（一〇〇〇分の三ミリメートル）ずつ離れていく、そんなわずかな膨張の割合なのです（ただし、あとで説明しますが、実際の太陽と地球の間の距離は宇宙の膨張によって広がったりはしていません）。ですから、私たちの身近な世界では、宇宙の膨張の影響は小さすぎて観測できないのです。

それに加えて、私たちの体や地球を構成する物質は、物質同士の間に働く力（重力や電磁気力）によって互いに強く結びついています。そのために、宇宙が膨張しようとする力よりも、物質同士がお互いに引き合おうとする力のほうが圧倒的に強いので、宇宙膨張による影響はまったくないのです。

また、地球は太陽の重力で強く引かれているので、宇宙膨張にともなって遠ざかろうとする力を完全に打ち消しています。ですから、地球から太陽までの距離が宇宙膨張によって遠くなることもありません。同じように、恒星同士の間の距離でさえも、宇宙膨張の影響を受けません。

このように、星と星との間でさえ、宇宙膨張の影響を見ることはできません。宇宙膨張の影響が現れるのは、より大きなスケールでのことになります。

宇宙の中で、星は銀河という大集団を作り、さらに銀河は一〇〇個以上集まって銀河団という集団を作って散らばっています。ある銀河団と別の銀河団との距離は、平均すると数千万光年も離れています。

このくらい離れると、銀河団同士が互いの重力で近づこうとする力よりも、宇宙膨張によって遠ざかろうとする力のほうが十分上回ります。そのために、銀河団同士はどんどん離れていくのです。

つまり、宇宙が膨張するようすを見るには、数千万光年の距離を見通す視力が必要なのです。もちろん人間の裸眼では、そんな視力を持てませんし、小さな望遠鏡でも無理です。ハッブルがしたように、天文台の巨大望遠鏡で超遠方の銀河の動きを見た時に、初めて宇宙の膨張に気づけるのですね。したがって、私たちが宇宙の膨張に気づけないのは当然ですし、アインシュタインが宇宙膨張を認められなかったのもやむを得なかったのでしょう。

Column 1

そもそも、光って何だろう？

本書では、光に関するさまざまな話が登場します。「光とは何か」や「光にはどんな性質があるか」をくわしく説明し始めると、それだけで一冊の本になってしまいますが、このコラムで少し補足しましょう。

光には、仲間がいる

光の正体は電磁波という電気の波です。電気の波が生まれると、同時に磁気の波も生まれて、それらが絡《から》み合うように空間を伝わっていくので、電磁波とよばれています。

正確にいうと、光は電磁波の一種であり、光以外にも電磁波とよばれるものがあります。テレビや携帯電話などの通信に使われる電波、熱を持った物体から放出されたり、テレビのリモコンなどの赤外線通信に使われたりする赤外線、日焼けの原因となる紫外線、レントゲン写真などに使われるエックス線、放射線の一種であるガンマ線、これらはすべて電磁波であり、光の仲間といえます。私たちが普段目にしている光は人間の目に見えるので可視光ともよばれますが、光の仲間は「目に見えない光」だといえます。

では、光とその仲間たちとは、何が違うのでしょうか。それは波長の違いです。波長とは、波の山（もっとも高い場所）から次の山までの長さのことです。

電磁波のうち、波長がもっとも短いのがガンマ線です。そして、エックス線、紫外線、光（可視光）、赤外線、電波の順に、波長が長くなっていきます。ただし、それぞれの波長の領域は明確に区分されているわけでなく、一部重なっているところもあります。

可視光の波長は、約四〇〇ナノメートルから八〇〇ナノメートル（一ナノメートルは一ミリメートルの一〇〇万分の一）の間です。人間の髪の毛の太さの約一〇〇分の一が光の波長になります。

光を波長ごとに分ける「分光学」

さて、太陽の光をプリズム（ガラスでできた透明な三角柱）に通すと、赤、橙《だいだい》、黄、緑、青、藍《あい》、紫の、いわゆる虹の七色に分かれます。光の色の違いは、光の波長の違いです。赤い光はもっとも波長が長く、紫の光はもっとも波長が短いのです。

太陽光にはさまざまな色の光、つまりさまざまな波長の光が含まれています。一般に、自然界に存在する光はほぼすべて、さまざまな波長の光の混合物になっています。

ただし、プリズムに通した太陽の光をよく観察すると、虹色に分かれた光の帯の中に、真っ黒な縦線がところどころ見えます。これは、その波長の光が太陽光の中にほとんど存在していないことを示していて、これを吸収線といいます。

一方、物質（元素）を高温にすると、その元素特有の波長の光だけを強く放ちます。これを輝線《きせん》といいます。また、光源と観測者との間に別の元素があると、その元素は輝線の波長の光を吸収するために、その波長の光は観測者の元に届かなくなります。これが吸収線なのです。

つまり、太陽光の中の吸収線を調べれば、太陽（より正確には太陽の外層部の大気）の中にどんな元素があるのかを調べられます。太陽の吸収線から、太陽には水素やヘリウム、カルシウム、鉄、ナトリウムなどの元素があることがわかります。

プリズムなどを使って光を波長ごとに分けて、どんな波長の光がどのくらいの量含まれているかを調べ、輝線や吸収線の情報を元に、光を放つ物体がどんな元素や分子からできているのかなどを調べるのが分光学です。分光学は「光を見る」という行為を究極にまで磨き上げた学問なのです。

第2章

昔の宇宙は ミクロの 火の玉だった!

ビッグバン宇宙論の登場

ビッグバン宇宙論の証拠は、偶然見つかった

この章では、ビッグバン宇宙論がどのように生まれ、それがどのようにして受け入れられるようになったのかについてお話しします。

序章でもふれたように、ビッグバン宇宙論とは「この広大な宇宙が、大昔は小さな火の玉だった」という理論です。一九四八年にロシア出身のアメリカの物理学者ガモフが仲間たちとともに発表しました。

その一七年後、一九六五年のことです。アメリカの有名な物理学者ディッケは、ビッグバン宇宙論の証拠を見つけ出そうとしていました。彼は、もし昔の宇宙が「ビッグバン＝大爆発」をしたのなら、その痕跡《こんせき》が現在の宇宙にも残っているはずだと考えていました。その痕跡とは、宇宙全体に満ちている特有の電波でした。

その電波をつかまえようと、ディッケは母校のプリンストン大学で、教え子たちといっしょに大学のキャンパスの建物の屋上にアンテナを立てて、準備を進めていたのです。

ある日、ディッケが教え子たちといっしょに研究室で昼食をとっていると、一本の電話がかかってきました。それは大学から二〇キロメートルほど離れたところにある電話会社の研究所からのものでした。

「私たちは衛星通信用のアンテナに関する研究をしている者です。衛星通信のじゃまになる雑電波にはどんなものがあるか、研究をしているのですが、正体不明の電波が空のあらゆる方向からやって来て、その正体がわからずに困っています。その電波は、二四時間たえまなく、しかもいつも同じ強さでやって来ます。知り合いに相談したら、ディッケ先生なら何かご存じかもしれないと聞いたのですが、これは何なのでしょうか？」

電話を保留にしたディッケは、教え子たちに向かって、こう叫んだそうです。

「諸君、先を越されたぞ！」

そう、天文学者ではない、民間の電話会社の二人の社員が、ビッグバン宇宙論の証拠を偶然発見していたのです。のちに彼らはノーベル賞を受賞しましたが、ディッケはその栄誉に浴することはできませんでした。

世紀の大発見の中には、意図せずにたまたま見つかったものや、その分野の専門家ではない人の手によるものも珍しくはありません。ビッグバン宇宙論の「最強の証拠」の発見も、そうした偶然の産物だったのです。

宇宙は原子サイズの「卵」から生まれた？

第1章で、ハッブル－ルメートルの法則の発見によって宇宙が膨張していることが明らかになったとお話ししました。ということは、現在の広大な宇宙は膨張の結果としてできたものであり、過去にさかのぼるほど宇宙はどんどん小さくなるはずです。

膨張宇宙説を唱えたルメートル（67頁）は、一九三一年に「かつての宇宙は超高密度の小さな固まりだった」という内容の論文を発表しました。過去の宇宙が現在よりも小さいならば、現在の宇宙に存在する銀河や星、そしてあらゆる物質は、その小さな宇宙の中にぎゅっと圧縮されて詰め込まれていたはずです。過去にさかのぼるほど、宇宙のサイズはどんどん小さくなり、内部の物質はどんどん圧縮され、密度が上がっていきます。

そして最終的には、現在の宇宙内にある全物質が圧縮された、超高密度の小さな固まりにたどりつくでしょう。ルメートルはそれを宇宙卵（コズミック・エッグ）または原初原子とよびました。その原子サイズの宇宙の卵が、膨張とともに分裂していき、現在の宇宙の構造を作り上げたというのがルメートルの主張でした。

世界各地の神話や伝承には、世界が卵から生まれたとするものが非常に多くあります。インドのヒンドゥー教では、ブラフマーという創造神が宇宙卵を二つに割って天と地を作ったという宇宙創造神話が伝えられています。フィンランドの国民的叙事詩《じょじし》「カレワラ」では、大気の娘イルマタルが海上をただよっていた時、一羽のカモが飛んできて、イルマタルの膝に卵を産み落としますが、イルマタルは卵を膝から落としてしまいます。すると割れた卵の上の殻が空に、下の殻が大地になり、黄身が太陽に、白身が月と星になったそうです。

もちろん、ルメートルが主張したのは荒唐無稽《こうとうむけい》な神話ではなく、一般相対性理論に基づいた科学的な宇宙誕生のストーリーです。しかもルメートルは、空間や時間が生まれたのは「宇宙の始まりの直後」であるという、それまで誰も思いつかなかったことを主張しました。宇宙とは時空のことですから、宇宙の始まりとはまさに時間と空間の始まりであるというのは、ルメートルにとっては自然な考えでした。

「昨日のない日（The Day Without Yesterday）」に宇宙は生まれた――一九五〇年に出版したエッセイ集の中で、ルメートルはそう語っています。

ですが、「昨日のない日」とは、いったいどんなものなのでしょうか。時間に始まりや端があることを、みなさんは想像できますか。そんな主張を受け入れられますか。

おそらく無理ですよね。そしてみなさんだけでなく、当時の科学者たちも、やはり同じ思いでした。しかし、我々現代の宇宙論研究者は、宇宙が「昨日のない日」に生まれたことを受け入れているのです。

宇宙の始まりに迫ったガモフ

ルメートルの宇宙卵というアイデアは画期的でしたが、大事なことが一つ欠けていました。「宇宙は超高密度のミクロの卵から生まれた」とはいったものの、その温度については、特に何もふれなかったのです。

これに対して、「宇宙は超高密度かつ超高温のミクロの卵として生まれた」と主張したのが、序章でも紹介したガモフでした。

では、なぜガモフは宇宙の始まりを超高温だったと考えたのでしょうか。

それは、ガモフが原子《げんし》核《かく》物理学の知識を使ったからです。

新しい理論が登場する時や、新たな発見がなされる時には、必ずといってよいほど新たな武器が使われます。ガモフがビッグバン宇宙論を唱える時に使った武器は、当時の最先端科学である原子核物理学でした。

一八〇三年、イギリスの化学者ドルトンが原子論を発表して、物質をどんどん細かくしていくと原子という微粒子《びりゅうし》にたどりつくと主張しました。しかし一八九七年に、イギリスの物理学者トムソンが原子の中に含まれている電子を発見します。つまり原子は究極の微粒子ではなく、さらに内部構造を持っていたのです。

　二十世紀に入ると、原子の内部の構造が次々と明らかになっていきます。原子の中心には固い原子核があることが判明し（一九一一年）、さらに原子核を構成する微粒子として陽子（一九一九年）と中性子（一九三二年）が発見されました。元素の種類によって、原子核中の陽子と中性子の数は決まっていて、その合計数が少ないほど、軽い元素になります。たとえば、もっとも軽い元素である水素は、陽子一個だけでできた原子核を持っています。二番目に軽い元素であるヘリウムは、陽子二個と中性子二個の計四個でできた原子核を持ちます。

　さらに、原子核に中性子などをぶつけたりすることで、他の原子核を生み出す核反応（核分裂や核融合）が起きることもわかりました。このように、原子核の構造や核反応のようすを調べるのが、原子核物理学です。核分裂を兵器に応用した原子爆弾が作られたことからもわかるように、一九三〇年代から四〇年代にかけては原子核物理学が急速に発展した時期であり、原子核物理学は最先端の科学、物理学の花形分野でした。そしてガモフ自身も、原子核物理学を専門にしていたのです。

元素はどのように作られたのか

ガモフが原子核物理学の知識を使っていったい何を考えたのか、くわしく見ていきましょう。

先ほども話したように、私たちの物質世界は原子からできていて、原子は原子核と電子で構成されています。原子核は陽子と中性子からできています。私たちの世界はおもに、陽子、中性子、そして電子という三つの微粒子によって作られているわけです。

さて、宇宙の始まりが、ルメートルのいうように超高密度で、なおかつ温度が低い状態だったとします。この時、84頁でも述べたように、宇宙の中にあるすべての物質は、非常に狭い範囲の中にぎゅーっと押し込められています。すると、電子と陽子がくっついて中性子になるという反応が起きることが知られています。つまり、生まれたばかりの宇宙は、中性子ばかりがぎっしりと詰まった、非常に高密度の巨大な原子核のようなものになります。

この中性子だらけの、超高密度で低温の宇宙が膨張していくようすをガモフは考えました。すると、電子と陽子が圧縮されて中性子になったのとは逆に、今度は中性子が分裂して、電子と陽子（そして素粒子《そりゅうし》の一つであるニュートリノ）が生まれます。

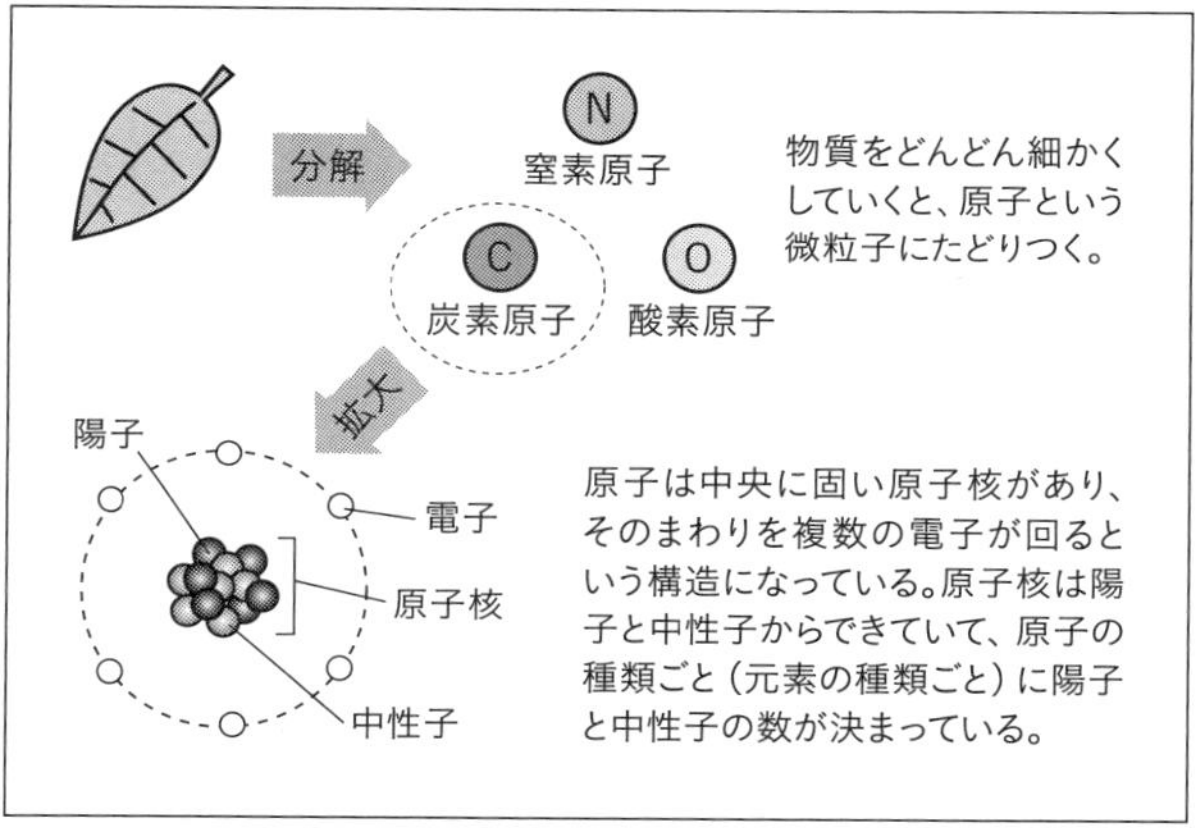
分解
窒素原子
N
C
O
炭素原子
酸素原子
物質をどんどん細かくしていくと、原子という微粒子にたどりつく。
拡大
陽子
電子
原子核
中性子
原子は中央に固い原子核があり、そのまわりを複数の電子が回るという構造になっている。原子核は陽子と中性子からできていて、原子の種類ごと（元素の種類ごと）に陽子と中性子の数が決まっている。

陽子一個は、もっとも軽い元素である水素の原子核となるので、これはいわば水素原子の種ができたような状態です。

さらに宇宙の膨張が進むと、いくつかの過程を経て、陽子二個と中性子二個が結びつくという核反応が起きて、水素の次に軽い元素であるヘリウムの原子核が生まれます。陽子や中性子は、そのまま単独で残っているより、結合して重いものになったほうが安定しているのです。

やがて陽子三個と中性子四個が結合して、その次に軽いリチウムの原子核ができます。このように、宇宙が膨張するにつれて、多くの陽子と中性子が結びついた重い原子核が宇宙の中にどんどん作られていきます。

こうして現在の宇宙に存在するすべての

元素の原子核が、宇宙の初めに作られたとガモフは考えました。この理論はαβ《アルファベータ》γ《ガンマ》理論とよばれ、一九四八年に発表されたものです。

じつはこの理論は、当時博士課程の学生だったアルファが指導教官のガモフといっしょに、博士論文のテーマとして検討したものでした。ガモフはこの理論にしゃれた名前をつけたくて、知り合いの物理学者ベーテに頼んで、論文の著者の一人になってもらいます。そして自分たちの名前をもじって（アルファ＝α、ベーテ＝β、ガモフ＝γ）ネーミングしたのです。

論文に無関係の人間をひきずり込んでまで、しゃれた（というよりダジャレの）名前をつけることからわかるように、ガモフは相当ユーモアのある人だったようです。

昔の宇宙は熱かった？

ところがその後、より細かな計算をすると、軽い原子核はどんどん結合して重い原子核ばかりになるので、宇宙から軽い原子核を持つ元素（＝軽い元素）はどんどん減っていくことがわかりました。もしそうだとすれば、現在の宇宙に多く存在するのは重い元素になり、軽い元素は少量しか残らないはずです。

でも実際の宇宙を見ると、水素やヘリウムといった軽い元素が大部分を占め、重い元素はあまりありません。その理由を考えていたガモフは、ひらめいたのです。

「宇宙の初期が超高温だったならば、宇宙に軽い元素が多いことを説明できるぞ」

なぜなら、宇宙の温度が高いと、その熱エネルギーによって陽子や中性子が激しく運動しているからです。この場合、水素やヘリウムなど軽い原子核は作られるのですが、それ以上重い原子核は、陽子や中性子の動きが激しすぎて結合できず、作られないことが理論的に導かれます。

やがて、宇宙が膨張していくと温度が下がるので、陽子や中性子は互いにくっついて重い原子核になることができます。しかし、この時には宇宙が膨張して広くなっているので、陽子や中性子同士がぶつかってくっつくチャンスが減ります。つまり、重い元素ができることはめったになくなるのです（次頁の図参照）。

こうしてガモフは、現在の宇宙に軽い元素を多く残すためには、宇宙の初期が「超高密度で超高温のミクロの火の玉だった」と考えればいいと主張しました。これがビッグバン宇宙論となったのです。

なお、$\alpha\beta\gamma$理論はのちに、日本の林忠四郎《はやしちゅうしろう》先生によって一部を否定されます。ガモフたちは、生まれたばかりの宇宙を中性子だらけと考えましたが、林先生は最初の宇宙には中性子だけでなく、陽子も存在していたことを明らかにしました。また、ガ

元素の生まれ方と初期宇宙の状態

宇宙の温度が低い場合

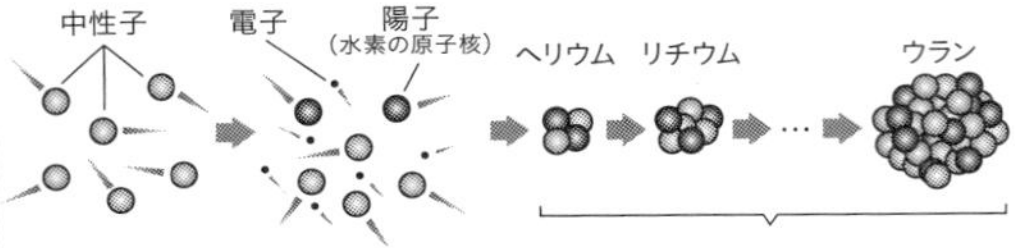

高密度の宇宙では中性子のみが存在(陽子も存在したことがのちに判明)。

中性子が壊れて陽子と電子(とニュートリノ)ができる。

宇宙が膨張するにつれて陽子と中性子がどんどん結合して重い元素(の原子核)が作られる。

しかしこれでは、宇宙には重い元素ばかりが存在することになり、実際の観測結果と矛盾《むじゅん》する。

宇宙の温度が高い場合

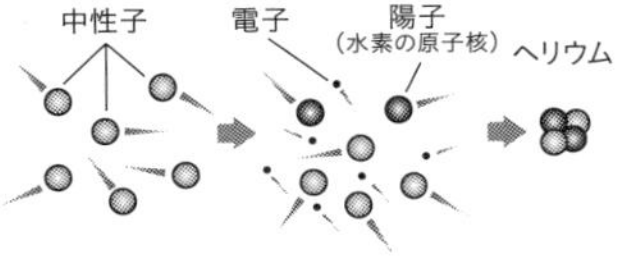

宇宙の初期を超高温だと考え直すと、ヘリウムの原子核までは作られる。

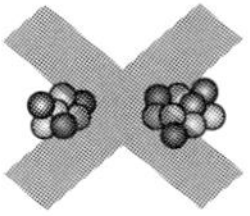

それ以上重い原子核は陽子や中性子の動きが激しすぎて作られない。

モフたちはすべての元素の原子核が宇宙の初めに生まれたと考えましたが、これも違っていました。林先生は、初期の宇宙で作られるのは水素とヘリウム、それにリチウムなどの軽元素だけで、それより重い元素は星の核融合反応や超新星爆発などによって合成されることを示したのです。ガモフも自分たちの誤りを認め、現在ではαβγハヤシ理論とよばれています。林先生は日本の宇宙物理学の先駆者の一人であり、私（佐藤）の大学時代の恩師でもありました。

強力なライバルの登場

ところが、ビッグバン宇宙論の誕生とまったく同時期に、強力なライバルとなる理論が生まれました。その名を定常宇宙論といいます。

定常宇宙論とは「宇宙は膨張しているけれど、一定（定常）である」という理論です。膨張しているのに一定だなんて、妙な理論に聞こえますよね。

定常宇宙論を唱えたのは、イギリスの天文学者ホイルです。ホイルは星の内部での元素合成理論の発展に大きな貢献をしたことで知られています。先ほど「重い元素は星の核融合反応によって作られる」といいましたが、星の中で炭素から鉄までの元素がどのように合成されるのかを、ホイルは初めて明らかにしたのです。

そんなホイルは、宇宙が膨張しているというハッブルの発見については、正しいと認めていました。ですが「宇宙が膨張しているなら、過去の宇宙は今より小さく、超高密度だったはずだ」というルメートルの解釈には、納得できませんでした。そこで思いついたのが「真空から新たな物質が生まれてくれれば、宇宙は一定の密度を保てる」というアイデアだったのです。

宇宙が膨張すれば、空間が広がり、すきまが生まれます。ですが、宇宙のいたるところでは、真空から新たな物質が少しずつ湧きだしていて、膨張によって生じたすきまを埋めます。やがて物質は銀河を生むので、銀河が遠ざかっても、近くに新しい銀河ができあがることになります。こうして宇宙は、膨張しながらも密度や温度を一定に保っている、というのがホイルの主張でした。

定常宇宙論が非常に魅力的なのは、宇宙の始まりを考えなくてよい点です。ルメートルは、宇宙は宇宙卵から生まれ、それは「昨日のない日」のことだったと主張しました。ビッグバン宇宙論もやはり同様です。しかし、宇宙に始まりがあるとか、時間に始まりがあるなどというのは、人間の感覚として受け入れがたいですよね。それよりは「宇宙は永遠の過去から永遠の未来まで、変わらずに存在する」と考えたほうが、多くの人にとってまだ納得しやすいのです。

ところでホイルはビッグバン宇宙論の名づけ親でもあります。33頁で紹介した、BBC（イギリス放送協会）のラジオ放送の中でガモフの主張を「ドッカーン理論だ」と言った人物はホイルなのです。ただし、それをおもしろがって本当に理論の名前にしてしまったのは、ガモフ自身でした。αβγ理論の命名でもわかるように、ガモフのユーモアのセンスはたぐいまれなものだったようです。

天文学者たちを夢中にさせた電波天文学

一九四〇年代の末に、ほぼ同時に生まれたビッグバン宇宙論と定常宇宙論ですが、科学者の間では定常宇宙論のほうが優勢でした。「宇宙に始まりがある」というビッグバン宇宙論は、科学者にとっても受け入れがたいと思われていたのです。

ただしこの時期、一九四〇年代から五〇年代、さらには六〇年代前半にかけて、天文学者たちは宇宙の始まりの問題をそれほど深くは考えませんでした。天文学には他に、天文学者たちの興味を強く集め、著しい発展をとげている分野がたくさんあったのです。宇宙の始まりなどを論じるのは、天文学者にとっては頭の体操にすぎず、一種の遊びのようなものだったともいえるでしょう。

当時の天文学者たちを夢中にさせたものの一つ、それは電波天文学でした。

宇宙からやって来る電波が発見されたのは、一九三一年のことでした。アメリカの民間技師だったジャンスキーは、雷が発生させる電波について調べていて、不思議なことに気づきます。強い電波がやって来る時刻が、毎日四分ずつ早くなるのです。

毎日四分ずつ早まるもの、それは同じ星が空の同じ場所に見える時刻です。前日と同じ時刻に夜空を見た時、同じ星が見える場所は変わらないように見えます。でも実際には、西に約一度だけずれています。本当に同じ場所に来るのは、約四分前なのです。これは、地球が太陽のまわりを一年かけて移動（公転）することによる星の年周運動のためです。

したがって、ジャンスキーが発見した毎日四分ずつ早くやって来る強い電波も、星の光と同じように、宇宙からやって来ているものだと推測できます。その正体は、銀河系の中心方向からやって来る電波（銀河電波）だったと、のちにわかりました。宇宙からやって来る電波の発見も、天文学者ではない人による偶然の産物だったのです。

また一九四二年には、太陽からも電波がやって来ていることが発見されます。太陽は光（可視光）だけでなく、電波も放っていたのです。

第二次世界大戦が終わると、電波天文学が急速に発達します。戦時中は、軍用のレーダー（電波を目標に向けて発射し、その反射波を測定して、目標までの距離や方向を探知する装置）の技術が大きく向上しました。戦争が終わると、レーダーの技術者たちは宇宙に目を向け、宇宙からの電波を研究するようになったのです。

電波天文学、そして電波の観測技術、これも私たちの大きな武器となります。ビッグバン宇宙論の証拠を見つけたのは、この新たな武器を使った人たちなのです。

電波が見せる「冷たい宇宙」

宇宙からの電波を観測すると、宇宙のどんな姿が見えるのでしょうか。宇宙からやって来る電波は、その発生のしくみによって大きく二種類に分けられます。

一つは、非常に激しい天体現象で発生する電波です。たとえば銀河系の中心部には太陽の約四〇〇万倍の質量を持つブラックホールがあり、周囲の物質がブラックホールへ落ち込む際に膨大なエネルギーが放出されています。こうした場所で、強い磁場の中を電子が光並みの速さで動くと、電波が放出されます。これが、ジャンスキーが観測した銀河電波です。太陽の表面でフレアという大爆発が起きた時も、同じしくみで電波が放出されます。

もう一つは、先ほどとは逆に、非常に静かで低温の場所からやって来る電波です。これは、物体が持つ熱が放つ電波です。

第1章のコラムで説明しましたが、光（可視光）も電波も、紫外線も赤外線も電磁波の一種です。その違いは波長（波の山から山までの長さ）の違いです。波長が短いほうから、ガンマ線、エックス線、紫外線、可視光、赤外線、電波と名前がついています。

さて、物体の温度が高いと、波長の短い電磁波を多く出します。たとえば太陽の表面温度は摂氏《せっし》六〇〇〇度くらいなので、可視光を多く放出します。一方、人間の体は摂氏三六度くらいです。こうした物体は、可視光よりも波長が長い赤外線を多く放出します。つまり人間の体は「赤外線で光っている」ので、赤外線センサーを使えば、真っ暗な夜間でも、人間が放つ赤外線を感知して人の姿をとらえることができます。

電波を放つ物体は、さらに低温のものになります。たとえば宇宙には暗黒星雲という黒い雲のような天体がたくさん見られます。その正体は、宇宙をただよっているガスやちりであり、大気中の雲と同じように、背後にある星からの光をさえぎってしまうので、黒い雲のように見えるのです。暗黒星雲の温度はおよそ摂氏マイナス二六〇度という超低温なので、電波をたくさん放ちます。

じつは暗黒星雲は、新たな星が生まれる場所でもあります。ですから暗黒星雲が放つ電波をとらえれば、星が誕生している現場を見ることができるのです。

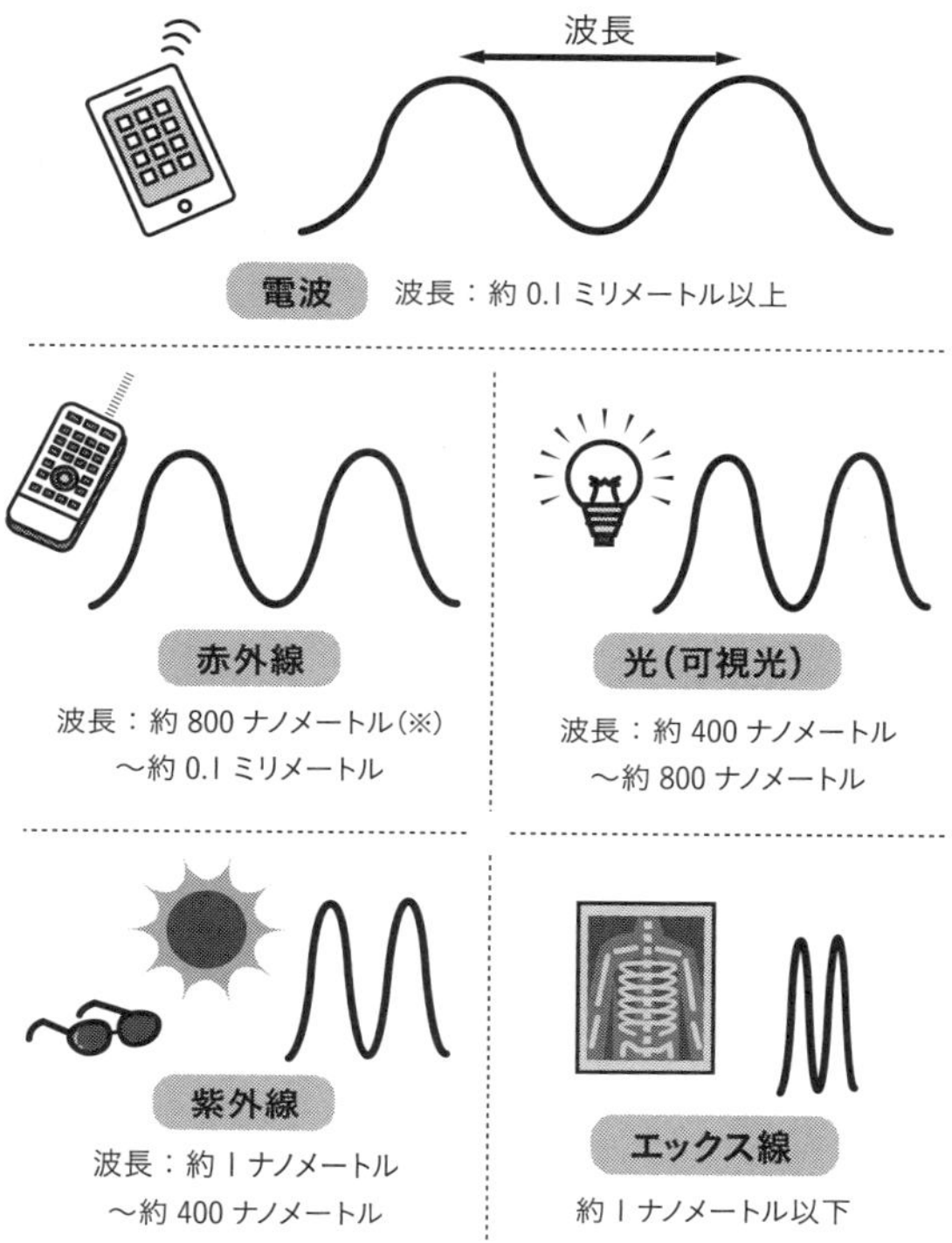

※1 ナノメートル＝100 万分の 1 ミリメートル

＊各電磁波の波長の範囲は厳密には決まっておらず、互いに多少重なっています。
また、イラストでの各電磁波の波長は実際の比率とは異なります。

宇宙からの電波をつかまえる望遠鏡が電波望遠鏡です。衛星放送を受信するためのパラボラアンテナを巨大にしたようなものです。日本が世界各国と協力して、南米・チリに建設したアルマ望遠鏡は、パラボラアンテナ六六台をつないで一つの巨大な電波望遠鏡と同じ働きができるようにしてあります。

私たちが普段目にするのは、高温の星などが可視光で輝く「熱い宇宙」です。これに対して、電波を使って見る「冷たい宇宙」は、それまで知られていなかった宇宙の新たな一面を私たちに教えてくれます。だから当時の天文学者たちは、新たな学問である電波天文学に夢中になったのです。

謎の電波の正体

そしていよいよ、運命の一九六五年がやって来ます。

アメリカ最大手の電話会社であるＡＴ＆Ｔのベル研究所で、二人の研究員が働いていました。名前はペンジアスとウィルソン、ともに三〇歳前後の若者でした。

彼らは衛星通信の研究のために、そのじゃまになる雑電波にはどんなものがあるのかを調べていました。巨大なアンテナを作って、空中を飛び交うあらゆる電波を受信し、その発生源を突き止めようとしていたのです。

ちなみに、世界初の通信衛星が打ち上げられたのは一九六二年のことです。翌一九六三年一一月、衛星通信による初めての日米間テレビ伝送実験中に、アメリカのケネディ大統領の暗殺事件が報道され、日本のテレビ視聴者に大きなインパクトを与えたことは有名です。

さて、調査を続けるうちに、彼らは不思議なことに気づきます。空のあらゆる方向からやって来る、謎の電波があったのです。

地球では、さまざまな電波が飛び交っています。ラジオなど通信用の電波や、電気機器からもれる電波といった人工の電波もあれば、大気中の気体分子が発する電波、そして太陽や銀河からやって来る自然の電波もあります。これらの電波はすべて、アンテナを電波の発生源の方角に向けた時だけ受信できます。

ところが、その謎の電波は、アンテナを空のどの方角に向けても受信できるのです。それも二十四時間たえまなく、しかもまったく同じ強さの電波がやって来ます。二人はアンテナ自体が電波を発生させているのかもしれないと考え、アンテナの中に入ったハトのふんを一生懸命に取り除いたりしましたが、それでも謎の電波は消えませんでした。

困り果てた二人は、知人に紹介されて、有名な物理学者であるディッケに相談しました。ディッケは電話で話を聞くとすぐに、その正体を見抜いたのです。それはディッケが探そうとしていた、ビッグバンの痕跡である電波に違いないと。ディッケは二人のもとを訪れてデータを見せてもらい、自分の考えが正しかったことを確認しました。

ペンジアスとウィルソンが見つけた謎の電波は、かつて宇宙が高温だったことを示す痕跡であり、宇宙で初めて生まれた「直進する光」の化石だったのです。

ビッグバンのなごり

ところでビッグバン宇宙論を唱えたガモフは、一つの予言をしていました。

「もし宇宙が超高温のミクロの火の玉として生まれたのならば、高温の宇宙で生まれた光が、現在の宇宙にも電波として残っているだろう」

ガモフはその電波を、絶対温度五度か七度くらいの物体が放つ電波だろうとも予測しました。

絶対温度〇度（零《れい》度）とは、すべての原子や分子の動きが止まる、この世の最低温度のことです。摂氏マイナス二七三・一五度が、絶対温度〇度になります。絶対温度の単位としてK（ケルビン）を使い、〇Kとも表記します（読み方は「れいどケー」）。

先ほど、電波も光（可視光）も電磁波の一種であり、波長が違うということを説明しました。また、太陽のような高温の物体は光を放ち、極低温の物体は電波を放つということも話しました。

これらをもとに、ガモフの予言の意味を整理すると、次のようになります。

ビッグバン宇宙論によると、かつての宇宙は今よりずっと高温でした。高温の物体は光を放つので、この時、宇宙は全体が光り輝いていました。星のような特定の天体が光を出すのではなく、高温の宇宙全部が光を放っていたのです。

この高温の宇宙が、膨張によってどんどん広がると、宇宙全部が放っていた光は波長が引き伸ばされます。ゴム風船の上に光を表す波線を描いておいて、ゴム風船をさらに膨らませれば、波線の波長（波の山と山との間隔）が伸びるのと同じです。その結果、波長が引き伸ばされた可視光は電波になります。その電波が、ガモフのいう「現在の宇宙に残っている電波」なのです。

一方で、次のようにもいえます。高温の小さな宇宙は、膨張とともに温度を下げていき、現在の宇宙では五Ｋ（絶対温度五度）あるいは七Ｋにまでなっています。その宇宙全体から、温度に応じた電波が発せられている、それがガモフのいう電波なのです。表現は違いますが、先ほどの説明と同じ意味を持ちます。

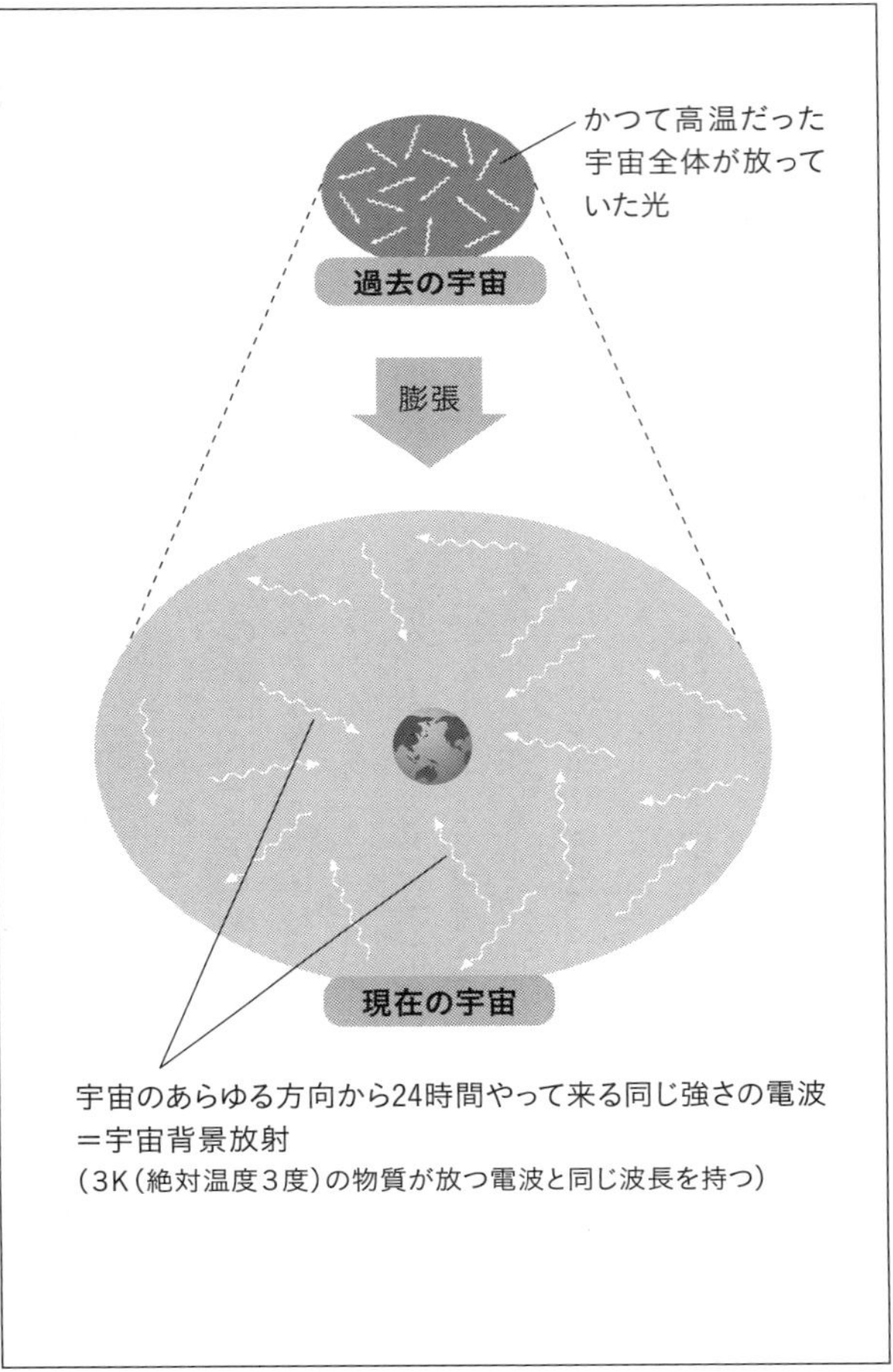
かつて高温だった
宇宙全体が放って
いた光
過去の宇宙
膨張
現在の宇宙
宇宙のあらゆる方向から24時間やって来る同じ強さの電波
＝宇宙背景放射
（3K（絶対温度3度）の物質が放つ電波と同じ波長を持つ）

では、ペンジアスとウィルソンが発見した電波は、ガモフの予言と一致したのでしょうか。

じつは、二人が発見した電波は、三Ｋの物体が発する電波に相当していました。ですから温度はガモフの予言と少し違っています。でも「かつて高温だった宇宙が放っていた光が、宇宙の膨張によって波長を引き伸ばされることで電波になった」という意味では、ガモフの予言どおりでした。つまりこの電波は、ビッグバン宇宙論の正しさを支持する強力な物的証拠なのです。

現在ではこの電波を宇宙背景放射《はいけいほうしゃ》とよんでいます。背景とは、星や銀河といった前景に対して、その背後からやって来るという意味であり、放射とは放出された電磁波などのことです。

宇宙最初の光はこうして生まれた

１０２頁で、宇宙背景放射のことを「宇宙で初めて生まれた『直進する光』の化石」といいました。化石と表現したのは、昔は光だったものが今は電波になっているとか、それを調べることで昔の宇宙のようすがわかる、という意味からです。では、その前の「直進する光」とは何なのか、それを説明しましょう。

ビッグバン宇宙論によると、宇宙は過去へさかのぼるほど小さくなり、密度と温度が上がっていきます。そしてもっとも初期の、超々高温の火の玉宇宙の中では、原子核を構成する陽子や中性子も高温のためにバラバラにされて、クォークという素粒子になり、光と同じ速さで動いていました。この時、つまりビッグバンが起きた時をここでは〇秒としましょう（ここでは、といったのには意味があるのですが、それは次の章で説明します）。

そして、わずか一万分の一秒後に、クォークが集まって陽子や中性子ができます。一〇〇秒後には、陽子と中性子から原子核が作られ始めます。このころの宇宙の大きさは、現在の約一〇億分の一です。そしてビッグバンから三分後には、水素やヘリウムなどの軽い元素の合成が作られます。「元素の三分クッキング」ですね。この時の宇宙の温度は、一〇〇億度から一〇〇〇万度くらいの間です。

ところで一万分の一秒とか三分とか一〇〇億度などというのは、どうやってわかるのかと、不思議に思われますよね。これは、超高温の宇宙が膨張して温度が下がっていく中で、核反応がどのように進むのかを、原子核物理学の知識をもとにして推定したものです。

そして、さらに時間が経って、ビッグバンから三八万年という歳月が流れると、宇

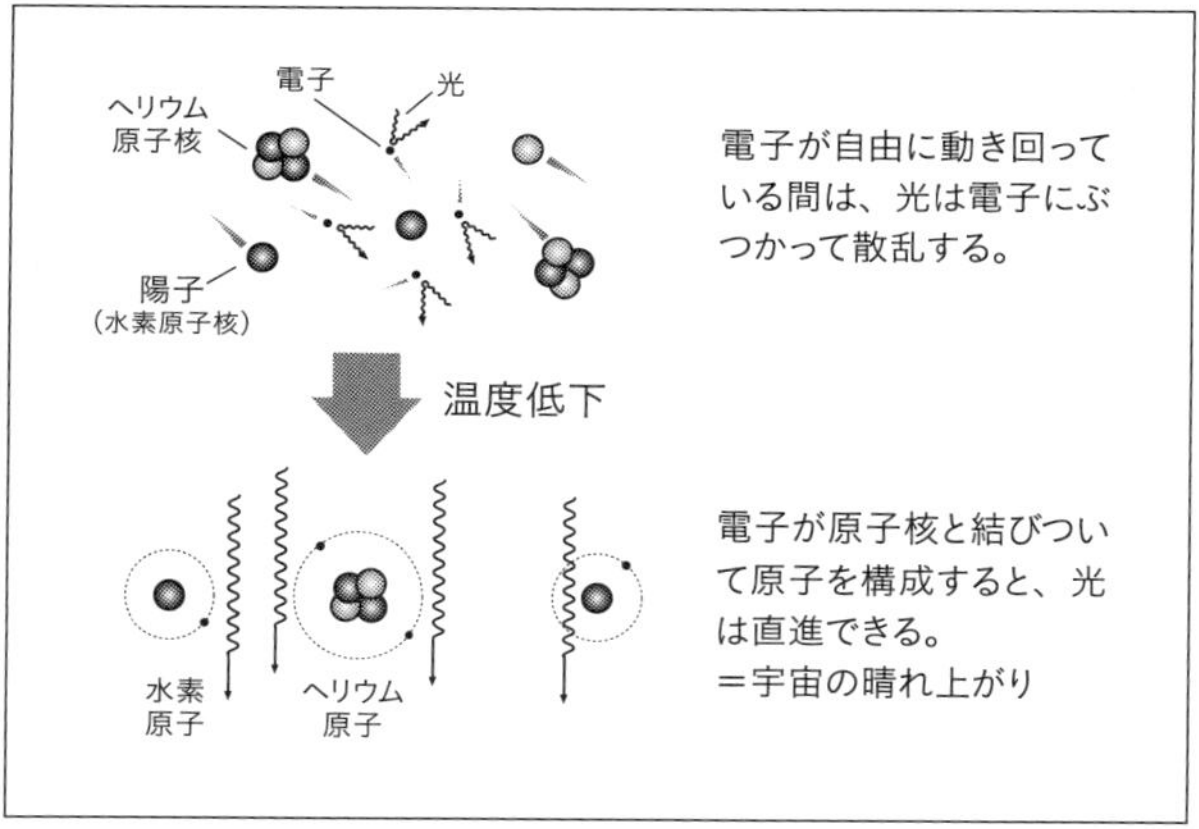

宙は膨張を続けて、現在の約一〇〇〇分の一の大きさにまで成長しています。この時の宇宙の温度は、約三〇〇〇Ｋまで下がっています。

それまでに、水素やヘリウムの原子核はできていましたが、宇宙の温度が高いために、電子は原子核から離れて自由に飛び回っていました。この状態をプラズマといいます。ですが温度が三〇〇〇Ｋにまで下がると、原子核が電子をつかまえて、原子を構成するようになります。

電子がプラズマ状態で自由に宇宙空間を飛び回っている間は、高温の宇宙が光を放っても、その光は電子にぶつかって散乱されてしまい、まっすぐに進むことができませんでした。しかし電子が原子の中に固定されると、光は直進できるようになります。

この状態を宇宙の晴れ上がりといいます。ちょうど飛行機に乗って雲の中を飛んでいて、急に雲の外に出たようなものです。雲の中は真っ暗ではありませんが、光が散乱されていてぼやーっと明るく、先のほうは見えません。でも光がまっすぐ進むようになれば、雲や霧が晴れたように、視界が開けるのです。

そして、宇宙の晴れ上がりの時に生まれた「宇宙を直進する光」、これが宇宙背景放射のもとになった光です。その後、宇宙は約一〇〇〇倍に膨張したので、光の波長も一〇〇〇倍に引き伸ばされて、電波になりました。そして当時三〇〇〇Kだった宇宙は、現在、一〇〇〇分の一の三Kにまで温度が下がっているのです。

ついに天文学の一分野に

ここでもう一度、ペンジアスとウィルソン、そしてディッケの三人をめぐる話に戻りましょう。

ペンジアスとウィルソンは、自分たちが「宇宙のいたるところからやって来る、三Kの物体が放つ電波」を発見したことを、簡単な論文にして発表しました。ですが彼らは、それが何を意味するのかにはふれず、単に事実だけを記しました。

その論文が載った雑誌の同じ号に、ディッケもまた論文を発表しました。ディッケはその中で、ペンジアスとウィルソンが発見した電波こそ、ビッグバン宇宙論の正しさを示す証拠であると述べました。つまり、ペンジアスとウィルソンの発見に対して解釈を示したのです。

ちなみにディッケは論文の中で、ガモフたちの論文についてはは何もふれませんでした。論文の存在を知らなかった、あるいはあえて無視したと考えられています。そのことをガモフは苦々しく思い、後にペンジアスとウィルソンに手紙を書いて、宇宙背景放射は自分の予言であると主張しています。

とにもかくにも、彼らの論文によって、宇宙の始まりの問題をそれまでほとんど考えてこなかった天文学者たちも気づいたのです。「ビッグバン宇宙論はどうやら正しいらしいぞ」と。そして何よりも「宇宙の始まりについて、科学的な研究をしたり、観測によってそれを確かめたりすることができるらしいぞ」と。

実際に、これ以降、ビッグバン宇宙論を検証する論文が多くの天文学者によって発表されるようになります。一九六五年、今から五〇年ほど前に、宇宙論はようやく天文学の一分野として認知されたのです。

そして同時に、宇宙はかつて超高温のミクロの火の玉として生まれたという、摩訶不思議な真実を、私たちは知るようになりました。ですが、宇宙の誕生の謎は、まだすべて解けたわけではありません。ビッグバン宇宙論の手にある、いくつかの大きな問題が残されていました。それらを解決するためには、私たちはさらなる「武器」を手にする必要があったのです。

Column 2

「エネルギー」は自然界にあふれている？

エネルギーという言葉は、みなさんも普段の会話の中でよく使われているはずです。でも改めて「エネルギーとは何ですか？」と問われると、うまく説明できない方が多いのではないでしょうか。

エネルギー＝仕事をする能力

物体が他の物体に対して「仕事」ができる状態にある時、その物体はエネルギーを持つといいます。つまり、エネルギーとは「仕事ができる能力」のことです。

物理学では「仕事」という言葉を特別な意味で使います。物体に力を加えて移動させた時、「加えた力の大きさ」と「動かした距離」を掛けただけの量の仕事をした、と言います。つまり、仕事とは「物体を動かすこと」です。したがって、エネルギーとは「物体を動かすのに必要な能力」のことを指します。

では、物体を動かすにはどうしたらよいでしょうか。一つの方法は体当たりすることです。勢いよくぶつかれば、ぶつかった物体は動きます。したがって、勢いよく動いている物体はエネルギーを持っています。勢いよく動いている物体が持つエネルギーを運動エネルギーといいます。

次に、勢いよく動く物体が、粘土質の地面に落下した場面を考えてください。この時、物体は粘土質の地面にめり込みますが、粘土の抵抗を受けて、やがて止まります。物体を受け止めた粘土は、物体と摩擦することで熱が発生して、温度を少し上げることになります。つまり、勢いよく動く物体が持っていた運動エネルギーは、粘土を動かす代わりに、熱を生じさせたのです。このように、エネルギーは物体を動かすだけでなく、熱を発生させて温度を上げることもできます。

逆に、熱が物体を動かす力になることもあります。やかんの水をガスコンロで沸かすと、沸騰した水（水蒸気）はやかんのふたを持ち上げます。熱が物体を動かしたのですから、熱もエネルギーを持っています。これが熱エネルギーです。

エネルギーはさまざまな姿に変換される

運動エネルギーや熱エネルギー以外にも、エネルギーには位置エネルギー（高い位置にある物体が持つエネルギー）、化学エネルギー、電気エネルギー、光エネルギーなど、さまざまな種類があります。そして、これらは互いに姿を変えることができます。ジェットコースターは高い位置に上がることで位置エネルギーをたくわえ、そこから落下することで運動エネルギーを作り出し、車両を走らせます。また、発電所にある発電機は、タービンを回転させる運動エネルギーを電気エネルギーに変換させて電気を生み出しています。

私たちはエネルギーをいろいろな形に変換して利用しています。その際に、一部の熱エネルギーが放出されるものの、変換の前後でエネルギー全体の量は変わりません。エネルギーは突然消滅したり、新たに作り出されることはけっしてないのです。これをエネルギー保存の法則といい、物理学の重要な法則になっています。

57頁で、特殊相対性理論の有名な方程式 $E=mc^2$（E：物質が持つエネルギー、m：物質の質量、c：光速）についてふれました。核分裂や核融合は、原子核を反応させることで物質の質量がわずかに減り、それが大量のエネルギー（核エネルギー）に代わる反応です。相対性理論が登場する前は、物質（質量）とエネルギーはまったく別のものだと考えられていました。ですが特殊相対性理論によって、質量とエネルギーは互いに変換できるものだった、つまり本質的に同じものだったことが示されたのです。

第3章

宇宙は「倍々ゲーム」で膨れ上がった!

インフレーション理論の大活躍

豊臣秀吉があわてた「倍々ゲーム」の恐ろしさ

科学の話が続いて、みなさんも少しくたびれたかもしれませんね。ここで、昔のとんち話を紹介しましょう。

曽呂利新左衛門《そろりしんざえもん》は、豊臣秀吉に御伽衆《おとぎしゅう》として仕えたとされる人物です。御伽衆とは、主君の政治や軍事の相談役となったり、諸国の情勢を伝えたり、時には世間話の相手も務めるといった職業です。今でいうと評論家やコメンテーターのようなものでしょうか。

新左衛門は非常に頭がよく、とんちの利いた受け答えをしたことで、秀吉のお気に入りだったそうです。落語家の祖ともいわれますが、一方で実在を疑う説もあるそうです。

さて、新左衛門はある日、秀吉からほうびを賜ることになりました。希望のものを問われた新左衛門は、次のように答えたそうです。

「では、今日は米一粒を頂戴します。明日は倍の二粒、その翌日はさらに倍の四粒と、日ごとに倍の米を、一〇〇日間頂戴したく思います」

秀吉は、何だそんなことか、欲がないことよと思いつつ、承諾しました。一〇〇日後の米の量は、せいぜい一俵（六〇キログラム）か二俵程度だと思っていたのです。

ところが後日、米倉の責任者があわてて秀吉のところにやって来ました。「大変です。このまま倍々に増えていくと、三〇日もすれば米二〇〇俵以上になります。一〇〇日後にはいったいどうなることか……」

まんまとはかられたことを知った秀吉は、ほうびを別のものに変えてくれるよう、新左衛門に頼みます。もちろん新左衛門は、笑って承諾したとのことです。これが有名な「米の倍増《ばいま》し」の逸話です。

このエピソードを「一休さん」の話だと思っている方も多いかもしれません。江戸時代の寛文期（四代将軍家綱の時代）には出版文化が栄え、曽呂利新左衛門や一休和《お》尚《しょう》のとんち話の本が多数作られました。この時、互いの逸話を混ぜたり、とんち話を勝手に作ったりといったことが行われたそうです。ですからどの逸話も、本当にその人のエピソードなのかはわからないようですね。

ちなみに新左衛門の要求どおりですと、一日目は一粒＝二の〇乗、二日目は二粒＝二の一乗、三日目は四粒＝二の二乗です。したがって一〇〇日後には二の九九乗＝約六×一〇の二九乗粒になります。米一俵の米粒はざっと三〇〇万粒（三×一〇の六乗）なので、一〇〇日後に必要な米俵は二×一〇の二三乗、二のあとに〇が二三個も並ぶ数になります。倍々ゲームの恐ろしさを、実感いただけたでしょうか。

この第3章で紹介するのは、宇宙が生まれたとたんに倍々ゲームのような膨張をした、という話です。

宇宙は「なぜ」ミクロの火の玉として生まれたのか

先ほどの第2章では、ビッグバン宇宙論の説明をしました。ビッグバン宇宙論は、一般相対性理論と原子《げんし》核《かく》物理学という、二つの科学理論を土台にしています。そして、宇宙膨張の発見と宇宙背景放射《はいけいほうしゃ》の発見という、二つの観測事実にも裏打ちされていま す。私たち人間は二十世紀になって、宇宙の成り立ちを科学的に説明できる見事な理論をついに手に入れたのです。

では、ビッグバン宇宙論だけあれば十分なのか、宇宙の始まりのすべてが説明できるのか、というと、まったくそうではありません。私たちが知ったのは、極端にいえば「最初の宇宙は、超高温のミクロの火の玉だった」ということ、それだけです。宇宙の始まりに関することは、まだ謎だらけなのです。

たとえば、宇宙はなぜ超高温のミクロの火の玉として生まれたのか、その理由をビッグバン宇宙論は何も説明していません。単に「〇〇だった」でおしまいではなく、「〇〇なのはなぜ?」と考えていくのが科学です。すべての出来事には理由があって、その理由を説明できると、科学者は考えるのです。

「理由はわからないけれど、そうなっている」というのは「神様がそう決めたのだ」といっているのと変わりません。そうではなく、恐れ多いいい方になりますが、神様の仕事をできるだけ減らそう、人間の頭で理解できるように理由を説明しよう、それが科学者の思いなのです。

ですが、ビッグバン宇宙論を唱えたガモフは、宇宙がなぜ火の玉として生まれたのか、その理由を何一つ説明しませんでした。彼にとっては、宇宙が火の玉として始まったと考えれば都合がよい、だからそう主張したのです。なぜなら元素の起源、すなわち私たちの体を作る炭素や酸素などの元素が、宇宙の歴史の中でどのように作られたのかを考える上で、宇宙の始まりが超高温であると都合がよかったからです。第2章で話したように、水素やヘリウムといった軽い元素が宇宙に多い理由は、初期宇宙が超高温だったと考えれば説明できます。

ガモフの興味は「宇宙にはなぜ軽い元素が多いのか」という理由を探ることにあって、宇宙の誕生にはそれほど関心がなかったのかもしれませんね。

宇宙は「特異点」から生まれた？

さらに、ビッグバン宇宙論は非常に悩ましい問題を抱えていました。それは「宇宙の始まりが特異点になってしまう」という超難問でした。

ビッグバン宇宙論にしたがって、宇宙の歴史を過去にさかのぼると、宇宙はどんどん小さくなり、それとは逆に宇宙の温度や密度はどんどん高くなっていきます。そして宇宙が生まれた瞬間は、宇宙は一点（大きさゼロ）にまで到達します。この時、宇宙の温度や密度は無限大になります。宇宙の大きさが半分（〇・五）になれば、密度は二倍になるといったように、温度や密度の値は宇宙の大きさの逆数になるので、宇宙の大きさがゼロになれば（ゼロで割れば）、温度や密度は無限大になってしまうのです。また、宇宙誕生の瞬間は時空の曲がり具合を示す曲率という値も無限大になってしまいます。

このような一点を特異点といいますが、困ったことに特異点では、相対性理論を含めたあらゆる物理法則が成り立たなくなります。なぜならこの世に無限大という数字は、実際には存在しないからです。無限大という数値を使って、私たちは正しい計算をしたり、法則を導いたりすることができません。

したがって、宇宙は特異点という物理法則が成り立たない一点から生まれ、その後は一般相対性理論という物理法則にしたがって膨張してきた、ということになります。これは、科学的には不完全なシナリオであり、特異点の問題を何とか解決しないといけません。これが宇宙の始まりに関する特異点問題です。

一九六五年に宇宙背景放射が発見されて、ビッグバン宇宙論の正しさが認められるようになるのと同時に、宇宙論の研究者たちはこの特異点問題に気づきました。そこで、宇宙の始まりが特異点にならないように知恵を絞った結果、「宇宙は膨張と収縮をくり返しているのではないか」というアイデアが登場しました。これを「振動宇宙モデル」といいます。

現在の宇宙が膨張していることは明らかなので、宇宙の大きさは過去にさかのぼるほど小さくなるはずです。でも、温度や密度が無限大になっては困るので、ある程度までさかのぼると、今度は逆に過去に行くほど宇宙は大きくなると考えます。そしてさらに過去に行くと、宇宙は再び小さくなっていくというように、宇宙は膨張と収縮をくり返している、というのが振動宇宙モデルです。この考えが正しければ、特異点問題は解決できるはずでした。

ところが一九六〇年代後半に、頼みの綱の振動宇宙モデルがなんと否定されてしまいます。イギリスの物理学者ホーキングとペンローズが、一般相対性理論に基づいて考えた場合、宇宙が膨張と収縮をくり返すことはありえないことを数学的に証明してしまったのです。つまり宇宙の歴史は、宇宙が相対性理論に基づいて膨張しているならば、必ず特異点から始まることになります。これを特異点定理といいます。

特異点定理が証明されたということは、宇宙の始まりについて科学が何かを語ることは不可能になったことを意味します。特異点では物理学が通用しない、科学が通用しないのですから、宇宙の始まりは科学を超えた神の領域の問題になってしまうのです。そのために科学者の多くも「宇宙の始まりは科学で扱える問題ではない」と考えていたのが、一九七〇年代の宇宙論をめぐる状況でした。

それが大きく変化したのが、一九八〇年代です。新たな武器である素粒子《そりゅうし》物理学の知見を使うことで、私たちは「科学では扱えない」とさえ思われた宇宙の始まりの難問に、深く鋭く迫れるようになったのです。

素粒子と宇宙の深い結びつき

素粒子とは、物質をどんどん細かく分けていって、最後にたどりつく究極の微粒子《びりゅうし》のことです。

十九世紀までは、原子が究極の微粒子だと考えられていました。ですが、原子も原子核と電子に分けられることや、原子核は複数の陽子と中性子からできていることが十九世紀末から一九三〇年代にかけて判明します。これは第2章で紹介しましたね。

ところが一九四〇年代以降、陽子や中性子の仲間といえる微粒子が何百も発見されます。では、これらはみな素粒子なのでしょうか。そうではなく、陽子や中性子や仲間の粒子を作る、さらに細かな部品があるのだろうと科学者たちは考えました。そうして見つかったのがクォークです。

現在では、クォークや電子は素粒子であると、一応はみなされています。ただし素粒子の研究者は、さらに細かな部品があると考えて、研究を続けています。その話はまたあとでしましょう。

さて、素粒子物理学は素粒子の正体やその性質を探る物理学の一分野ですが、それが宇宙の始まりの研究とどう関係するのか、不思議に思いませんか。

次頁の絵を見てください。これは、ノーベル賞を受賞したアメリカの素粒子物理学者グラショウが描いた有名な絵です。

ヘビ（ないしは竜）が自分のしっぽを飲み込もうとしている図柄は、古代の紋章でウロボロスとよばれます。グラショウはこれに、物質の階層を大きさの順番に描き入れました。

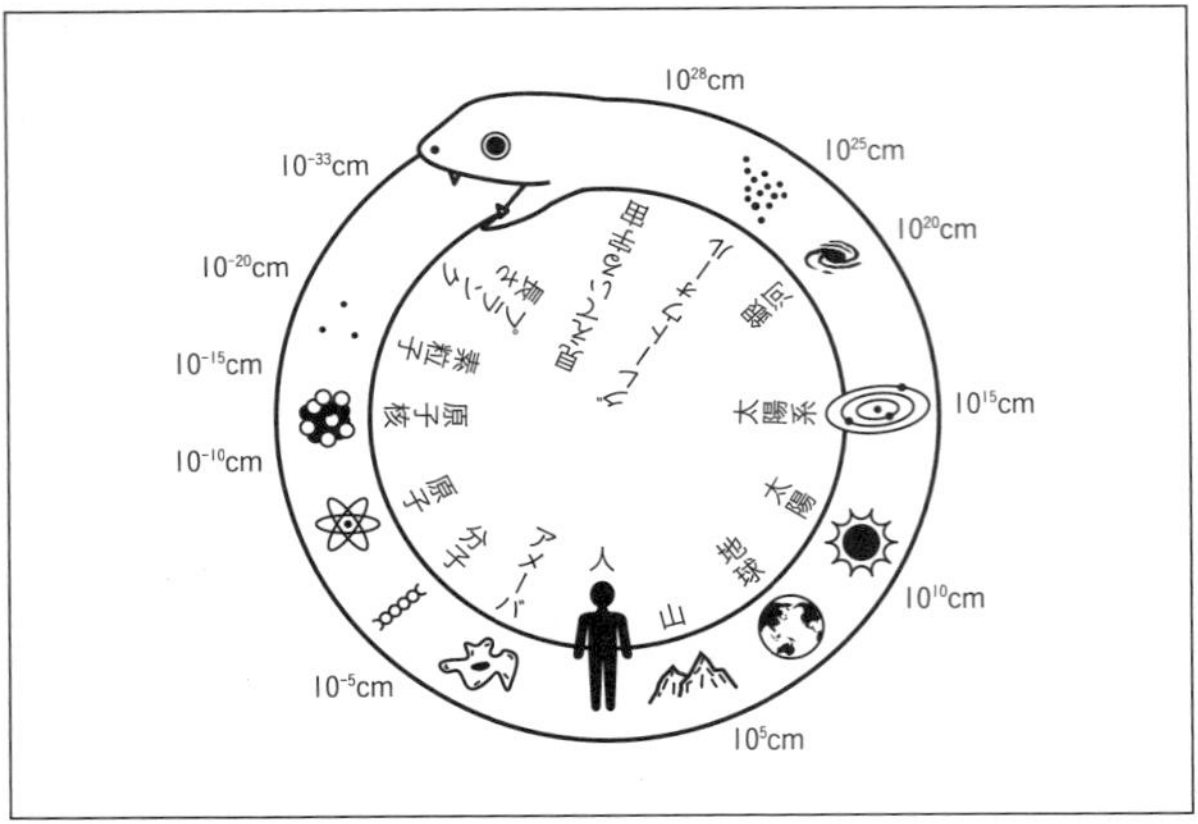

まず、もっとも大きな「宇宙全体（見えている宇宙）」をヘビの頭の部分に描きます。次に大きなものはグレートウォールといいます。これは、地球から約二億光年離れた位置にあって、五億光年以上の長さと約三億光年の幅を持つ、膨大な数の銀河からなる壁のことです。そして、銀河、太陽系、太陽、地球と、より小さいものを並べていきます。

逆にヘビのしっぽの部分には、素粒子を置きます。それよりも小さなプランク長さというのは、この世で一番短い長さのことです。そして原子核、原子、分子、アメーバと、より大きなものを並べていきます。

こんなふうにして描いてみると、人間の大きさは一〇の二乗センチメートル（一〇〇センチメートル）台なので、ほぼ真ん中に来ます。つまり、人間はもっとも大きな宇宙全体と、もっとも小さな素粒子の、ちょうど中間のサイズになることがわかります。人間は二十世紀に入って、宇宙全体に関する知識と素粒子に関する知識、すなわちマクロの極限とミクロの極限についての知識を手にしたのです。

そしてヘビが自分のしっぽを飲み込もうとしているようすは、マクロとミクロという相反する両者が、じつはその極限で深くつながっていることを示します。そのつながっている地点こそが宇宙の始まりです。なぜなら、宇宙は超高温のミクロの火の玉のような状態で始まり、あらゆる物質が素粒子に分解されていたからです。

ですから、宇宙の始まりのようすを研究する宇宙論には、究極の微粒子を探る素粒子物理学が不可欠です。宇宙を研究すれば素粒子のことがわかり、素粒子に関する新発見があれば宇宙の理解も進むのです。

インフレーション理論の発表

一九七〇年代には素粒子物理学が大きく発展して、私たちはミクロの世界のことを深く理解できるようになりました。ですが、当時はまだ、素粒子に関する知識を宇宙の始まりの研究にも使おうと考える科学者はほとんどいませんでした。

一方で、一九七〇年代初め、私は京都大学で、非常に重い星が一生の最後に起こす大爆発である超新星爆発のメカニズムを研究していました。その際に素粒子の知識が必要になって、独学で勉強したのが、最先端理論であった「力の統一理論」というものでした。

この理論を学んだ私は、これとビッグバン宇宙論を組み合わせれば、宇宙の始まりについてまったく新しいシナリオが描けることに気づきました。それまでは超新星爆発などの研究をしていた、いわゆる天体物理屋だった私が、宇宙論に目を向けるきっかけになったのです。

そして一九八〇年、そのころの私はデンマークの首都コペンハーゲンにある北欧理論物理学研究所の客員教授に招かれて、初期宇宙の研究をしていました。そこで私は三本の論文を書いて、ヨーロッパの学術誌に投稿したり、イタリアで開かれた国際会議で発表したりしました。

その内容は「宇宙は誕生直後に倍々ゲームのような加速膨張を行い、それが終わると大量の熱が発生して、超高温の火の玉宇宙となった」というものです。もちろんそれまで、宇宙がこのような急膨張をしたと考えた人は、誰もいませんでした。

私は当初、この宇宙モデルを指数関数的膨張モデルとよびました。指数関数とは倍々とか一桁（一〇倍）ずつ増えていくようなもののことです。一方、私の発表の半年後に、アメリカの物理学者グースが、ほぼ同様の理論を私とは独立に発表します。彼はそのモデルに「インフレーション宇宙モデル」という名前をつけました。インフレーションは物価がずっと上昇していく状況を表す経済用語で、多くの方になじみがある言葉ですから、たしかにうまいネーミングですよね。そのために、現在では私たちの理論のことをインフレーション理論とよんでいます。

ビッグバン宇宙論では、宇宙は誕生以来、膨張速度がだんだん遅くなる「減速膨張」を続けてきたと考えていました。ですがインフレーション理論では、宇宙は生まれてすぐに急激な加速膨張、すなわち膨張速度が指数関数的に増していくような膨張（インフレーション膨張）をして、それが終わると減速膨張に転じたと考えます（次頁の図参照）。このように考えると、宇宙の始まりが超高温だった理由や、あとで説明する初期の宇宙に関するさまざまな謎を解決できるのです。

インフレーション膨張のしかたにはいくつかのモデルがあるのですが、その一つを紹介すると、一〇のマイナス三四乗秒（一兆分の一×一兆分の一×一〇〇億分の一秒）の間に、宇宙は一〇の四三乗倍（一〇〇〇兆×一〇〇〇兆×一〇兆倍）の大きさになったと考えます。まさにすさまじい膨張ですね。

従来の理論

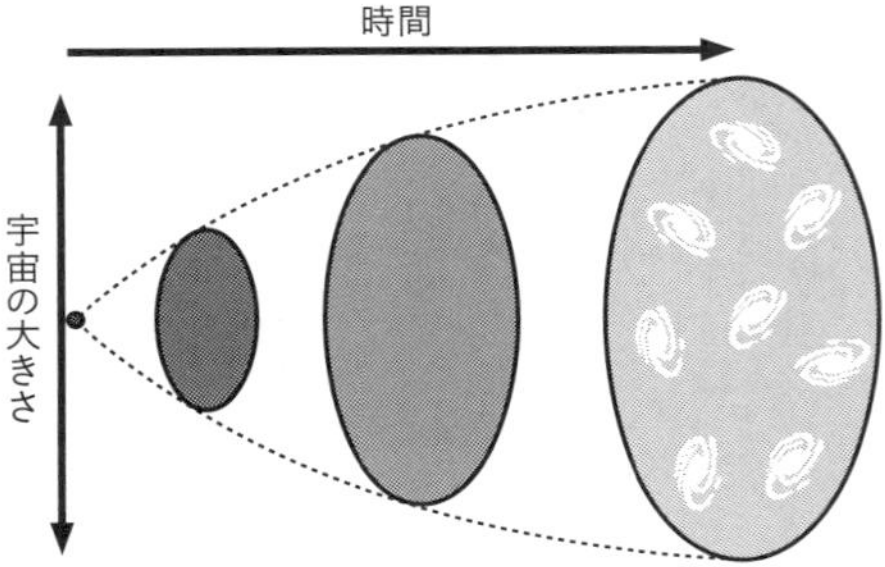

宇宙はゆるやかな減速膨張を続けてきた。

インフレーション理論

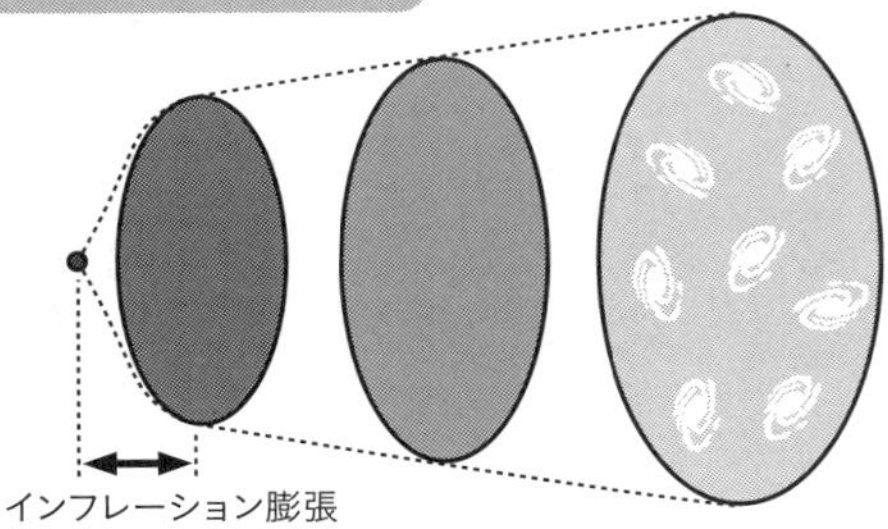

宇宙は初期に急激な加速膨張（インフレーション膨張）を行い、その後は減速膨張に転じた。

※宇宙の大きさや時間の尺度はイメージであり、正確ではありません。

真空の相転移とは何か

私がインフレーション理論を思いついたのは、力の統一理論が予言する真空の相転移が、宇宙の歴史に大きな影響を与えたのではと考えたのがきっかけでした。いったい真空の相転移とは、何なのでしょうか。

まずは、素粒子物理学における真空の概念について説明します。

多くの方は、真空のことを「中に何もない、からっぽの空間」のことだと思っていることでしょう。私たちの日常生活レベルでは、それで間違いではありません。でも素粒子の世界では、少し違ってきます。なぜなら、ミクロの世界においてはゼロや無という状態はありえない、とされているからです。

たとえば、エネルギーをゼロにするとは、物質の温度を絶対零度《れい》（１０２頁）にすることです。絶対零度ではエネルギーがゼロなので、ミクロのレベルで物質を観測した時、すべての分子や原子の運動が完全に止まるはずです。

ところが絶対零度にしても、ゼロ点振動とよばれるわずかな運動を分子や原子が行っていることが明らかになっています。つまり、エネルギーを完全に「ゼロ」にはできず、ごくわずかな量が残っているのです。

なお、人間の現在の技術では、絶対零度を実現することは不可能です。でも、絶対零度に極限まで近づけて、その時の物質のエネルギーを計ると、たとえ絶対零度にしてもなくならない量のエネルギーが残っていることが実験で明らかになっています。

これと同じように、ミクロの視点で見ると、真空は「物質もエネルギーも何もない空間」ではなく、ごくわずかなエネルギーを持っています。別の表現をすると、そのエネルギーは「からっぽの空間自体が持つエネルギー」だともいえます。

次に、相転移について説明します。相転移とは、ある時点を境にして、物質の性質ががらっと変わってしまう現象のことです。これは素粒子の世界に限らず、私たちの身近でも見られます。

たとえば、水を冷やしていくと、摂氏《せっし》〇度から状態が突然変化して氷になります。水も氷も、同じH_2Oという物質ですが、液体の水と固体の氷は、密度が異なりますし、性質も大きく違います。水が摂氏〇度で相転移を起こして、氷になったのです。同じく、水が摂氏一〇〇度で水蒸気に変わることも相転移です。

ただし、水をゆっくり冷却していくと、摂氏〇度を下回って氷点下になっても氷にならないことがあります。この状態を「過冷却」といいます。でもやがて、我慢の限界が来て、一挙に氷になります。この時、過冷却の水は「潜熱《せんねつ》」という熱を放出して、自分自身を温めます。そのために、できた氷の温度は摂氏〇度に戻ります。

さて、力の統一理論では「真空が相転移をする」という現象が起こると考えます。つまり真空の性質が、ある時点を境にしてがらっと変わってしまうのです。どんな性質が変わるのかというと、持っているエネルギーの違いです。相転移する前の真空は巨大なエネルギーを持っていますが、相転移を起こすとエネルギーはがくんと減ってしまうのです。

でも、巨大なエネルギーを持つ真空とはいったいどんなものか、きっとイメージできないでしょうね。みなさんがわからないのは、ある意味で当然です。なぜなら当時は素粒子の専門家も、本当に真空が相転移を起こすとは信じていなかったのです。

当時、真空の相転移は「素粒子の状態を考える上での計算テクニック」のようなものだと考えていました。たとえば、いわゆる赤字の時、帳簿などにマイナス何円といった金額を記載します。これはマイナスの金額が書かれた札束などを持っているのではなく、赤字の状態をマイナスの金額で表して、計算を行っているわけです。真空の相転移とは、こうした一種の方便であって、実際に真空が相転移という現象を起こしたりはしないと考えられていました。

ですが私は、実際の宇宙の歴史において、真空の相転移という現象が本当に起きたのではないかと考えたのです。

ビッグバンが起きたしくみ

生まれたばかりの小さな宇宙は、中に物質も何もない状態、つまり真空でした。ですが、真空の相転移という現象が宇宙の歴史の中で実際に起きたと仮定すれば、この時はまだ真空が相転移を行う前であり、真空は巨大なエネルギーを持っていたことになります。

そこで私は、真空が高いエネルギーを持つという新たな条件を加えて、一般相対性理論の方程式を解いてみました。すると、宇宙はきわめて急激な加速膨張を行うことがわかったのです。これがインフレーション膨張です。宇宙は一瞬のうちに何十桁、あるいは何百桁も大きくなったのです。

このインフレーション膨張によって、宇宙は一瞬のうちに大量のエネルギーを得ます。そのからくりを説明しましょう。

先ほどもいったように、真空のエネルギーとはからっぽの空間自体が持つエネルギーです。そのため、真空である宇宙が大きくなれば、真空のエネルギーの総量もそのまま大きくなります。宇宙空間の内部にエネルギーがあるのなら、宇宙が大きくなれば、エネルギーの密度は薄まるでしょう。でも、真空のエネルギーは真空である宇宙の内部に存在するのではなく、真空である宇宙そのもの、「箱そのもの」がエネルギーなのです。そのため、宇宙が大きくなれば、真空のエネルギーの密度は薄まらず一定のままで、その総量がどんどん増えるのです。

「ポケットのなかにはビスケットがひとつ　ポケットをたたけばビスケットがふたつ」という歌詞の童謡『ふしぎなポケット』（作詞　まど・みちお／作曲　渡辺　茂）をご存じですか。ポケットをたたいてビスケットが二つになった、つまり割れた時、普通はそれぞれのビスケットの大きさが元の半分になるので、ビスケットの総量は変わりませんよね。ですがもし、たたいてできたビスケットがそれぞれもとの大きさのままだったら、すごいことです。そしてそれを実現するのが、ふしぎなポケットならぬ、不思議な真空のエネルギーです。宇宙が二倍の大きさになれば、真空のエネルギーの総量も二倍になるのです。

こうして宇宙が一瞬にして何百桁も膨れ上がると、宇宙全体の真空のエネルギーも何百桁も増えます。曽呂利新左衛門がねだった米粒と同じく、宇宙が持つエネルギーは倍々ゲームのように増えていったのです。

ただし、この急激な膨張は長くは続きません。真空が相転移を起こすのです。すると、真空の性質が変わってしまうために、急膨張が終わります。同時に、過冷却した水が氷になる際に潜熱を出すように、インフレーション膨張によって急増した真空のエネルギーは、やはり膨大な量の熱エネルギーに変わります。このために宇宙全体は一瞬にして超高温に加熱され、ビッグバンが起きたのです。

これが、素粒子物理学とビッグバン宇宙論を組み合わせることで生まれたインフレーション理論の概要です。説明が非常に難しいと感じる方も多いことでしょう。素粒子物理学は非常に難解なので、一般の方にやさしく紹介することがなかなかできないのです。素粒子の知識を使うと、宇宙が生まれたとたんに急膨張したことや、それが終わると宇宙は超高温に熱せられたことが説明できるのだ、ということを知ってもらえればけっこうです。

ところで、ビッグバンという言葉は一般的に、宇宙の誕生そのものを指す場合と、宇宙が生まれたあとで火の玉のようになった状態を指す場合の、二種類の意味で使われます。今、宇宙はインフレーション膨張をして、それが終わると火の玉宇宙＝ビッグバンになったと話しましたので、この本ではこれ以降、ビッグバンは基本的に後者の意味で使っていきます。

さらにもう一つ、興味深い話を。真空のエネルギーは、第2章でお話しした、アインシュタインが仮定した宇宙項《うちゅうこう》（66頁）と数学的に同じ意味を持ちます。宇宙項は、宇宙の大きさを一定に保つためにアインシュタインが仮定した、宇宙空間が持つ斥力《せきりょく》です。その後、宇宙膨張の事実を認めたアインシュタインは、宇宙項を導入したことを生涯の不覚と悔やみました。ですが、宇宙の初期においては、宇宙項（と同じ意味を持つもの）がじつは存在して、それがインフレーション膨張を引き起こしたのです。数値の大きさはアインシュタインの予想とはかなり違いますが、空間が斥力を持つという考えそのものは間違っていなかったのですね。

さらに、現在の宇宙にも、空間が持つ斥力はまだ残っていると考えられています。この話は第5章でいたしましょう。

宇宙が「平ら」な理由

こうしてインフレーション理論は、宇宙がなぜビッグバンを起こしたのか、そのしくみを説明することに成功しました。インフレーション理論の長所は、それだけではありません。ビッグバン宇宙論だけでは説明できない、宇宙のいくつかの謎についても、インフレーション理論によって解決できるのです。

そうした謎の一つは「なぜ宇宙は、こんなに平らなのか」というものです。専門的には平坦性《へいたんせい》問題とよばれる謎です。

第1章で一般相対性理論の説明をしましたが、そこで話したように、物質が存在すると周囲の空間は曲がります。では、私たちの宇宙は、内部にある物質、つまり銀河などによって、どのくらい曲がっているのかというと、ほぼ平らです。もし宇宙空間が大きく曲がっていれば、私たちは「空間が曲がる」という事実に早くから気づいていたはずです。非常に重力が強い天体（たとえばブラックホールなど）のまわりでは、空間は大きく曲がっていますが、宇宙全体をならして見た時には、宇宙はほぼ平ら、まっすぐなのです。

ところが、この事実はやっかいな問題を引き起こします。一般相対性理論に基づいて考えると、宇宙を平らなままどんどん膨張させて、現在のように広大な大きさにするのは非常に難しいのです。

私は若いころ、登山が好きでしたので、山の例で話しましょう。山の細い尾根道に沿って歩きながら、石を蹴って前に進めていくとします。石を非常に慎重に蹴らないと、石は右や左にそれて尾根道を外れ、谷に落ちてしまいます。蹴る時の速度や方向を精密に決めてやらないと、尾根伝いに石を蹴っていくことはできないのです。

これと同じように、宇宙を平らなまま膨張させ続けるには、初期条件とよばれるもの、たとえば宇宙が最初に膨らみ始める時の速さを、一〇〇桁の精度で厳密に決める必要があります。初期条件の値がほんのわずかでもずれると、宇宙はちょっと膨張しただけで収縮に転じて、あっという間につぶれてしまったり、逆にものすごい速さで膨張を続けてしまったりするのです。どちらの場合も、現在の宇宙のような状態になりません。

では、初期条件は偶然に一〇〇桁の精度を満たすような値になったのでしょうか。それとも神様が初期条件を見事に調整してくれたのでしょうか。科学者は「偶然そうなった」とか「神様がそう決めた」といった説明を嫌いますので、何とかして「特に偶然ではなく、自然にそうなった」という説明方法を見つけたいところです。

インフレーション理論は、この平坦性問題を見事に解決します。

たとえば、私たちは地球が丸いことを知っていますが、それを認識するのは難しいでしょう。人間の体に比べて、地球は巨大なので、地球が丸いこと、地表が曲がっていることには気づけないのです。

これと同じように、じつは宇宙全体は曲がっているのかもしれませんが、私たちはそれに気づけないのです。なぜなら、宇宙は急激なインフレーション膨張によって巨大に引き伸ばされて、そのごく一部だけを私たちが見ているからです。でこぼこのあるゴムシートを思い切りぎゅーっと引き伸ばして、その一部だけを見ればほぼ平らになるのと同じことです。

インフレーション理論の証拠①：宇宙背景放射のゆらぎ

インフレーション理論は他にも「地平線問題」「宇宙の大規模構造」「モノポール問題」などに答えを出したのですが、本書では紙面の都合で残念ながら説明を割愛します。興味を持たれた方は、少し専門的な説明になりますが、拙著『宇宙論入門――誕生から未来へ』（岩波新書）などをごらんいただければと思います。

現在、インフレーション理論は初期宇宙のようすを説明する標準的な理論として、大多数の研究者から支持されています。また私やグースが提唱したオリジナルのモデルを改良した新しいインフレーションのモデルも次々と提案されています。インフレーション理論の出発点である力の統一理論も多様になり、インフレーション膨張を引き起こす真空の相転移についても、より深い理解が進んでいます。

さらに、実際の宇宙の観測からも、インフレーション理論を支持する結果が示されています。それは、宇宙背景放射を観測する専用の人工衛星による成果です。

一九八九年にＮＡＳＡ（アメリカ航空宇宙局）が打ち上げたのが、ＣＯＢＥ《コービー》という名前の人工衛星です。ＣＯＢＥのくわしい観測によって、宇宙背景放射が火の玉宇宙時代の光の化石であることが改めて証明されました。また、これはＣＯＢＥ最大の成果ですが、宇宙背景放射の強さにわずかなゆらぎ（強弱のムラ）を見つけたのです。

１０１頁で「宇宙背景放射の強さは、宇宙のどの方向からやって来るものもまったく同じだ」といいました。ですがインフレーション理論によると、完璧に同じではなく、ごくわずかな強弱のムラがあると考えられていました。これは初期宇宙の温度のムラに由来するものですが、同時に物質が分布する密度のムラでもあります。初期宇宙は全体としては超高温ですが、その中でわずかに温度が高い部分とわずかに低い部分とがありました。温度が高い部分は物質の密度がわずかに高く、温度が低い部分は密度がわずかに低いのです。そしてこの密度ムラ（密度ゆらぎともいいます）が、現在の宇宙の構造を作ったと考えられています。密度の濃い部分が種になって、それが成長して、銀河や銀河団、超銀河団といった宇宙の大構造が作られた、というのがインフレーション理論の考えでした。

従来の観測では宇宙背景放射にゆらぎは見つけられなかったのですが、ついにＣＯＢＥがこれを発見したのです。ゆらぎの幅は、たった一〇万分の一しかありません。ＣＯＢＥ発見当時（一九九二年）、ＣＯＢＥの研究リーダーは「これでインフレーション理論の正しさを人々が信じるようになるだろう」と述べました。彼らは二〇〇六年にノーベル物理学賞を受賞しています。

二〇〇一年には、COBEの後継機である人工衛星WMAP《ダブルマップ》がNASAによって打ち上げられ、宇宙背景放射のよりくわしい観測が行われました。また、二〇〇九年にESA（欧州宇宙機関）が打ち上げた人工衛星プランクは、COBEやWMAPを上回る感度で宇宙背景放射を観測しました。

宇宙背景放射をくわしく観測すると、ビッグバンで超高温になった宇宙が現在の温度に冷却されるまで、どれだけの時間が必要なのかがわかります。それはつまり、宇宙の年齢がわかるということです。

プランクの観測の結果、現在の宇宙の年齢は約一三八億歳であることがわかりました。宇宙背景放射は、ビッグバンの証拠であり、インフレーション理論の正しさを示すものであり、さらには宇宙の年齢を教えてくれるものでもあるのです。

インフレーション理論の証拠②：幻の原始重力波の発見

人工衛星による宇宙背景放射の精密な観測によって、インフレーション理論の正しさは多くの科学者が認めるようになりました。ただし、それは厳密にいえば、宇宙背景放射のさまざまな性質がインフレーション理論の予測と「矛盾しない」ことが判明した、というものでした。

　そこからさらに一歩進んで、インフレーション理論の正しさの完璧な証拠・決定打になると考えられているのが原始重力波の検出です。

　インフレーション膨張が起きると、空間の曲がり具合が激しく変動して、その変化が光の速さで波のように伝わっていきます。これが原始重力波です。

　なお、宇宙の初期に生まれた原始重力波とは別に、現在の宇宙でも重力波（原始ではない、普通の重力波）が発生することがあります。重い星が生涯の最後に大爆発を起こす超新星爆発のような、非常に激しい天文現象が起きると重力波が放出されます。重力波の存在は間接的に確認されていますが、原始重力波は普通の重力波よりもずっと弱いとされていて、間接的にも確認されたことはありませんでした。二〇一六年に、それまで間接的にしか観測されていなかった重力波を、アメリカなどの国際研究チームがついに直接的に観測したことが発表されました。この世紀の大発見については、本書の最後の「文庫版あとがき」でくわしく紹介します。

　ところが二〇一四年三月、南極に建設されたＢＩＣＥＰ２《バイセップツー》望遠鏡が原始重力波の痕跡をとらえたと、アメリカの研究チームが発表して大きな話題となりました。研究チームはBICEP2を使って宇宙背景放射を観測し、そこにBモード偏光《へんこう》という特殊な渦巻き模様を見つけました。くわしい説明は専門的になるので割愛しますが、こうした渦巻き模様ができるのは、原始重力波の影響であると考えられています。原始重力波はインフレーション膨張によって発生したものなので、この渦巻き模様は宇宙が生まれてすぐにインフレーション膨張をしたことを示す決定的な証拠だとされたのです。

しかし発表からまもなく、この渦巻き模様は原始重力波によってできたものではなく、銀河系内のちりの影響によってできたノイズなのではないか、という疑問が投げかけられました。最終的に、BICEP2の成果は否定され、世紀の大発見は幻に終わってしまったのです。

ただし、これはインフレーション理論が間違っていたことを意味するわけではもちろんありません。日本の研究チームを始め、世界中の多くの研究者が、自分たちこそ本当に原始重力波を検出しようとしのぎを削っています。銀河系のちりの少ない領域を観測するなどして、近い将来に原始重力波が本当に検出され、インフレーション理論の決定的な証拠となる日が来るだろうと思います。そして二十一世紀のうちには、原始重力波の詳細な観測によって、インフレーション膨張がいつ始まっていつ終わり、それがどのくらい急激な膨張だったのか、その正確な値までがわかるだろうと期待しています。

Column 3

物理学者の野望――自然界のあらゆる力をまとめたい

物理学とは、自然界の現象とその性質を、物質とその間に働く「力（相互作用）」によって理解しようという学問です。

自然界には大きく分けると四種類の力が存在します。それは重力、電磁気力、強い力、弱い力です。

「強い力」「弱い力」というのは、変な名前に聞こえるかもしれませんね。この二つは原子核の内部だけで働く力です。原子核の中で働く力のうち、一方が強く、もう一方は弱いので、強い力、弱い力とよんでいるうちに、それが正式な名前になったのです。

四種類の「力」

自然界のあらゆる力は、四つの力のどれかに分類できます。たとえば、筋肉を動かす力は、筋肉の内部で起きる化学反応によって作られますが、化学反応は電磁気力によって生まれるものなので、電磁気力の一種だとみなせます。

物理学の歴史は、さまざまな力を統一的に理解しようとする歴史でもあります。

たとえばニュートンは、リンゴが地面に落ちる時と月が地球の周囲を回る時に、「地球が相手（リンゴや月）を引きつける」という同一の力が働いていることを見抜きました。当時は、地球上における力と天上界（宇宙）における力とは、別物だと考えられていました。ですがニュートンは、両者を同じ力、すなわち万有引力（重力）として統一したのです。

また、かつて電気力と磁力は別のものだと考えられていました。ですが近代になって、電気が磁気を生み、磁気が電気を生み、二つの力が同じものであることがわかって、電磁気力として統一されたのです。

そして、重力、電磁気力、強い力、弱い力の四つを統一的に扱える「力の統一理論」を作ることは、物理学者の悲願でもあります。

物理学者たちがめざすもの

アインシュタインは後半生を、重力と電磁気力とを統一的に扱う統一場理論の研究に費やしましたが、失敗に終わりました。当時はまだ、強い力と弱い力の存在がよくわかっていなかったので、アインシュタインの試みは「すべての力を統一しよう」というものでした。そのため、力の統一理論は「アインシュタインの夢」ともよばれています。

これまでに物理学者は、電磁気力と弱い力とを統一的に扱う電弱統一理論（ワインバーグ－サラム理論）を作ることには成功しました。現在、さらに強い力も統一的に扱う大統一理論の研究が進められていますが、まだ完全には成功していません。

129頁でも書いたように、私がインフレーション理論を思いつくきっかけとなったのは、真空の相転移が実際の宇宙の中で起きたのではないかと考えたことでした。真空の相転移は大統一理論が予言する現象です。

もっとも難しいのが、重力を他の力と統一的に取り扱うことだと考えられています。重力の理論とは一般相対性理論のことなので、一般相対性理論を他の力の理論と矛盾なく統一することが、物理学者の究極の目標の一つになっています。

超高温の初期宇宙において、四つの力は完全に同一の力だったと考えられています。宇宙が膨張して冷えていくにつれて、四つの力は枝分かれしていき、別々の力になっていきました。つまり、力の統一理論を作ることは、宇宙の歴史をさかのぼることにもつながるのです。

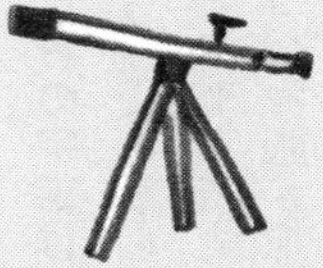

第4章

宇宙は「無」から生まれた!?

量子重力理論が語る宇宙の始まり

私たちの宇宙は「母宇宙」から生まれた子どもだった?

第3章で説明したインフレーション理論は、宇宙が生まれたとたんに倍々ゲームのような急膨張をしたことを明らかにしました。宇宙が超高温になったのは、インフレーション膨張が原因だったのです。

ですが、これは宇宙誕生直後の出来事であって、宇宙の誕生そのものではありません。宇宙の本当の始まり、宇宙誕生のメカニズムについては、インフレーション理論でも説明できないのです。

それに第3章で説明したように、宇宙の始まりについて考えようとすると特異点問題という難問が私たちの行く手をはばみます。しかも特異点定理が証明されてしまった以上、もはや科学では宇宙の始まりを解き明かせないと白旗をあげた状況に私たちはいるわけです。

ただし、インフレーション理論を応用することで、宇宙の始まりに関するおもしろい仮説を示すことができます。それは、私たちの宇宙は「母宇宙」から生まれた子どもの宇宙なのかもしれない、という大胆な仮説です。これを「宇宙のマルチプロダクション(多重発生)」といいます。一九八二年に、私が当時の若手の研究者(前田恵《けい》一《いち》、小玉英雄《ひでお》、佐々木節《みさお》の各氏)と共同で論文を発表しました。

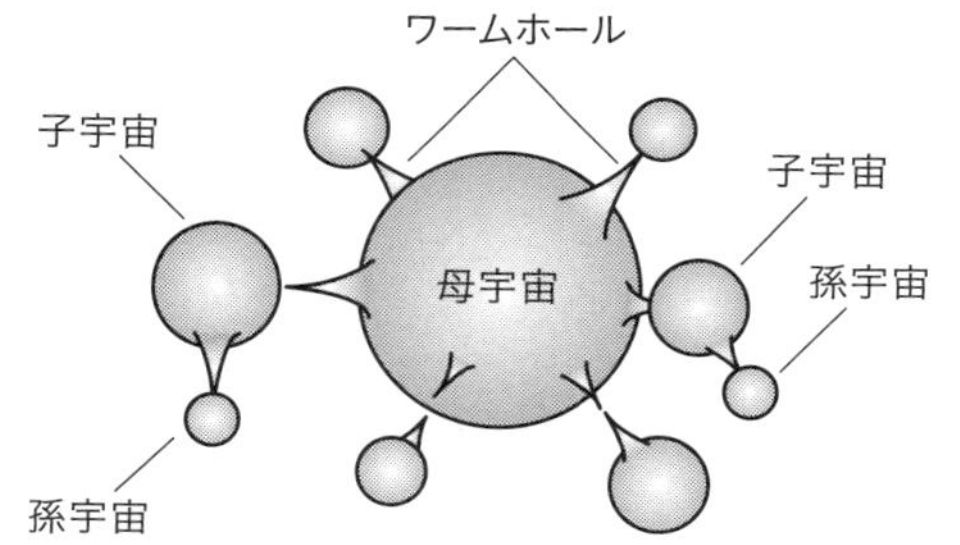

私たちの宇宙はどこかにある「母宇宙」の子孫かもしれない？

そのメカニズムは、次のようなものです。まず、母宇宙がインフレーション膨張を起こすと、吹き出物のような子どもの宇宙が生まれます。母と子は、最初はワームホールとよばれるトンネルでつながっています。ワームホールとは虫食い穴のことで、二つの宇宙を、あるいは一つの宇宙の離れた二点を結ぶ時空の近道のことです。母宇宙と子宇宙を結ぶワームホールは、へその緒のようなものだともいえます。

二つの宇宙や同一時空の離れた二地点を結び、両者の間の瞬間移動（ワープ）を可能にするトンネルがあるだなんて、あまりにSF的だと思われるかもしれません。ですが一般相対性理論の方程式を解くと、ワームホールの存在が理論的に予想されることは、古くから知られていました。ただし、実際の宇宙においてワームホールの存在は確認されていません。

そして、インフレーション膨張が終了してビッグバンが起こると、ワームホールは切れてしまい、互いに行き来したり、通信をしたりすることができなくなります。子宇宙は母宇宙から完全に独立して、一つの宇宙を形成するのです。さらに、子宇宙で再びインフレーションが起きると、今度は孫宇宙が作られる、ということをくり返します。

つまり、私たちの宇宙は、どこかにある母宇宙の子孫かもしれないのです。また、私たちの知らないところに、私たちの兄弟に当たる宇宙があるかもしれません。

しかし、私たちの宇宙が生まれたしくみは「母宇宙から生まれた」と説明できても、ではその母宇宙は何から生まれたのか、さらにその母宇宙は、と疑問は続きます。「卵が先か、にわとりが先か」みたいなことですよね。結局、最初の宇宙はどうやって生まれたのかという疑問は、インフレーション理論や宇宙のマルチプロダクションでも説明できないのです。

「無から宇宙を創る」というアイデア

ではやはり、宇宙の始まりの問題について、私たち科学者は白旗をあげなくてはいけないのでしょうか。

インフレーション理論を作って二年目くらいの時期に、私は友人の物理学者と宇宙の始まりの問題について議論をしました。彼が語ったのは、次のようなことでした。

「宇宙は、無から創らなければならないだろうね」

そしてまもなく（一九八三年）、彼は「宇宙は物質も時間も空間もない『無』の状態から生まれた」とする仮説「無からの宇宙創成論」を発表しました。彼の名前はビレンキンといい、ウクライナ生まれの物理学者で、私の三〇年来の友人です。

無から宇宙を創る――何という不思議なアイデアでしょう。

第2章でもふれましたが、宇宙の始まりは「時空の始まり」と言い換えられます。つまり現代宇宙論では「時空には始まりがある――その『前』には、時間も空間もなかった」と考えるのです。

私たちはこれまで、時空の物理学である相対性理論をもとにして、宇宙の歴史を考えてきました。ビッグバン宇宙論もインフレーション理論も、そのおもとになっているのは相対性理論（特に一般相対性理論）です。

しかし、その相対性理論も、時空が生まれるメカニズムは語れません。相対性理論が示すのは、すでに存在している時空と、その内部に存在する物質との関係性であって、時空や物質の起源については説明できないのです。

時空も物質もない、まさに何もない状態から宇宙を始めとする全存在を生み出すなんて、人知を超えた神の御業としか思えません。そして実際に「神は『無』から宇宙を創った」と主張したのが、今から一六〇〇年ほど前、古代ローマ時代の末期に活躍した神学者アウグスティヌスです。

彼によると、神は無から宇宙を創造した、それ以前には時間も空間もなかったといいます。無から有を生み出せること、それこそが神の全能性を表すものだと考えて、アウグスティヌスは偉大なる神を称えたのです。

ですがビレンキンの無からの宇宙創成論は、神様の力を借りた説ではもちろんありません。無から宇宙を生み出すしくみを、科学的に説明しようとしたのです。

最初に彼のアイデアを聞いた時は「無から宇宙を創るだなんて、奇妙な考えだ」と感じたものです。でもすぐに「結局、こう考えざるを得ないのだな」と思い直しました。有から有を創っているだけではきりがなくて、一番最初だけは無から有を創るしかないわけです。

宇宙の始まりの鍵をにぎる「量子重力理論」

さらに、ビレンキンの論文発表と同じころ、特異点定理を証明したホーキングが新たな説を唱えました。それは「宇宙が虚数《きょすう》の時間という特殊《とくしゅ》な時間に生まれたとすれば、宇宙の始まりは特異点にならない」というものです。私は彼とも長年にわたって、家族ぐるみでの付き合いを続けてきました。

ホーキングは二〇一八年三月に七六歳でこの世を去りました。その前年、私が最後に彼に会った時は、精力的に講演を行い、また、若い人たちといっしょに新たな研究も進めていました。好奇心のおもむくままに、新たな謎の解明に挑戦し続けた人生であり、そして一般向けの著書などを通して「この世界や宇宙は、謎に満ちているからこそおもしろいんだ」ということを、みなさんのような若い人たちに伝え続けた人生でした。

第3章でも話したように、ホーキングは特異点定理を証明することで、宇宙の始まりを科学的に解明する道をいったんは閉ざしたような形になりました。でも自説を乗り越えるすばらしいアイデアを披露して、宇宙の始まりの謎に再び迫ろうとしたのです。

宇宙の始まりという、究極の謎を解くために、ビレンキンやホーキングが使った新たな武器があります。それは量子重力理論といって、ミクロの世界（だいたい一〇〇〇万分の一ミリメートル以下の世界）における物理法則である量子論と一般相対性理論を融合させた理論です。ただし、まだ完成していない、建設途中の理論です。

ミクロの世界では、物質は私たちの目に見える世界（マクロの世界）とは違ったルールに縛られています。そうしたルールの一つは「ミクロの物質は、位置や運動量、エネルギーなどが一つの値に決められず、あいまいな値をとる」というもので、不確定性原理とよばれます。たとえばある瞬間に、ミクロの粒子である電子は「ここにもいるが、あそこにもいる」という、不思議な位置を占めるのです。まるで分身の術のようですが、まさにそんな状態なのです。

第3章で説明した、ミクロの世界においてはゼロや無という状態はあり得ないということも、不確定性原理に基づいています。「何もない」という一つの状態に決まってしまうわけにはいかないので、物理的に完全なる無は許されないのです。

何度もお話ししているように、ビッグバン宇宙論は一般相対性理論を土台にした宇宙モデルです。一方で、宇宙の大きさは過去にさかのぼるほど小さくなり、ついには素粒子《そりゅうし》よりもずっと小さくなります。ですから、宇宙がどのように生まれたのかを考える際には、ミクロの世界の物理法則である量子論の考えも取り入れなければなりません。したがって、宇宙の始まりを研究するには、一般相対性理論と量子論を融合した量子重力理論が必要になるのです。

無から生まれてトンネルを抜けて現れた宇宙

まずは、ビレンキンの無からの宇宙創成論を説明しましょう。

インフレーション理論のところでもお話ししたように、真空は何もない空間ではなく、その中にエネルギーを持っています。また、真空中のいたるところで、ミクロの素粒子が突如としてポッと生まれ、次の瞬間には消えてなくなる、ということをくり返しています。つまり真空は、完全な無ではなくて、常に有との間をゆらいでいるのです。このような無の中から、有すなわち最初のミクロの宇宙が生まれたのだ、というのがビレンキンの主張です。

ビレンキンはさらに、量子論によって明らかになったトンネル効果という現象に注目しました。これは、ミクロの粒子が越えられないはずの壁にトンネルをあけて、そこを通り抜ける現象です。

野球のボールを壁にぶつけると、ボールは壁にはね返されます。壁を突き抜けようとするならば、ボールをものすごい速度で投げる、つまりボールに莫大なエネルギーを与えなければなりません。

ところが、電子を薄い膜《まく》の内部に閉じ込めると、電子が十分なエネルギーを持っていないのに膜を突き抜けるという現象が起きます。これは、電子が一時的にエネルギーを借りてきて、本来持っているエネルギー以上の仕事をしてしまうためです。「ミクロの物質は一時的にエネルギーを借りてくることができる」というのも、量子論が明らかにしたミクロの世界のルールの一つです。

ビレンキンによると、最初の宇宙はエネルギーゼロ、大きさゼロの無の状態（無と有の間をゆらぐ状態）で生まれたり消えたりしていたといいます。このままでは宇宙は実際の存在としてこの世に姿を現すことができません。

しかしある時突然、宇宙はトンネル効果によって極小の大きさを持った存在としてポッと現れることができたのです。何とも不思議な話に聞こえるでしょうが、無から宇宙を創り出すという神の御業のようなことを、ビレンキンはこうして科学の言葉で語ったのです。

宇宙は「果てのない場所」で生まれた？

一方、ホーキングは虚数の時間という、これまた量子論の中で使われる特殊な時間を使って、宇宙の始まりを説明しようとしました。これを無境界仮説といいます。

虚数とは二乗するとマイナスになる数のことです。普通の数（実数といいます）は、二乗すると必ずプラスの値になります。これに対して、二乗するとマイナスの値になるという想像上の数が虚数です。

私たちの身の回りにあるものは、すべて実数を使って計測されます。私たちが知っている時間も、実数で表される実数の時間です。一方、虚数は実体をともなわない数学上の想像物です。

量子論では、トンネル効果の起きる確率を計算する際に、虚数の時間という概念を便宜的に使います。ホーキングは当初、宇宙の始まりが特異点にならないようにするテクニックとして、虚数の時間を利用したようです。でもその後は「虚数の時間は実在し、宇宙は本当に虚数の時間において生まれた」といっています。

ホーキングが考えたことを理解してもらうには、次頁の図をごらんいただくのがよいでしょう。これは縦方向で時間の経過を表し、横方向で宇宙の大きさを表したものです。

従来のモデルでは、宇宙の大きさは過去にさかのぼるほど小さくなります。頂点を下にした円錐を想像して、横に切った時の断面積の大きさが宇宙の大きさに当たると

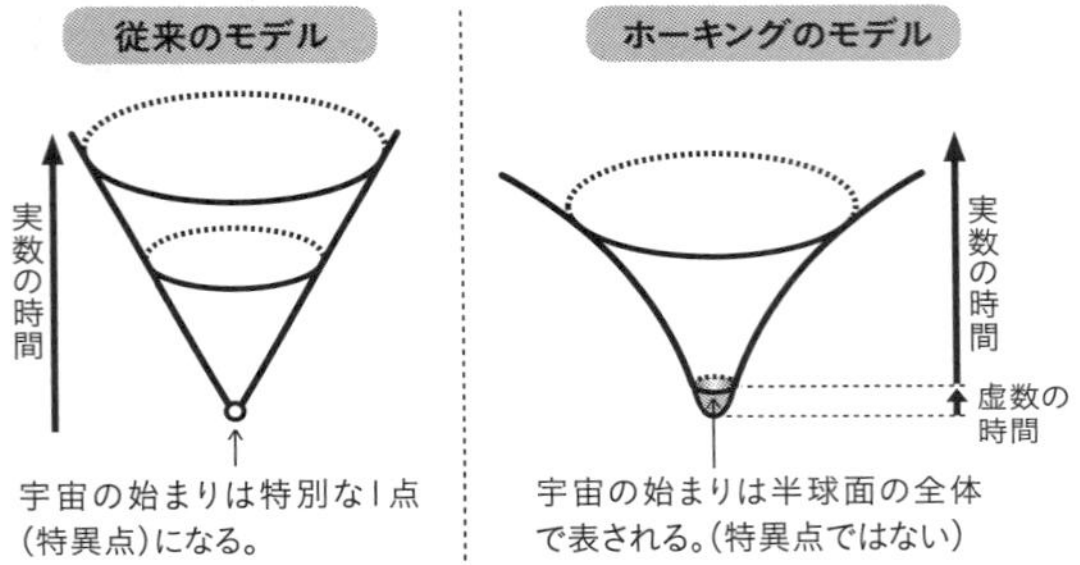

ホーキングは宇宙が「虚数の時間」に生まれたと考えることで、
宇宙の始まりが特異点になることを回避できると主張した。

考えてください。そして宇宙の始まりは、円錐の頂点のような特別な一点＝特異点として表現されます。

それに対して、ホーキングが考えた宇宙創造のモデルでは、宇宙の始まりは一点ではなく、小さな半球面の全体で表されるようになります。「宇宙は虚数の時間において、どこが始まりなのかわからないようにして始まったのだ」とホーキングは説明しています。始まりがない、果て（境界）がないという意味で、このアイデアを無境界仮説と名づけたようです。そして虚数の時間が実数の時間に変わった時が、トンネル効果の「トンネルを出た」瞬間に当たり、ミクロの宇宙が姿を現すことになるのです。

ビレンキンやホーキングが説明する宇宙

の始まりを、みなさんはどう感じられたでしょうか。宇宙が無から生まれただなんて、そうしないときりがないとはいえ、何とも奇妙で納得しがたいと思われるかもしれませんね。

もちろん、彼らの理論は土台となる量子重力理論が未完成なので、仮説の上に立てられた仮説にすぎず、宇宙誕生のようすが解明されたわけではありません。ですが、私たちが知っている物理学に基づいて宇宙の始まりを説明する上では、一定の説得力を持っていると思います。これから量子重力理論がさらに発展し、完成に近づけば、宇宙の始まりについてよりはっきりしたことがいえるようになると思いますし、それを期待したいと思います。

人間が解き明かした宇宙の歴史

では、第１章から第４章までの話を整理しつつ、現代宇宙論が語る宇宙の歴史をたどってみましょう。

まず、最初の宇宙は、量子論の無の状態において、生成と消滅をくり返していたと思われます。それがある時、トンネル効果によって、素粒子よりもはるかに小さな存在として、この世にポロッと出現します。これが宇宙の誕生の瞬間です。それは今からおよそ一三八億年前のことだと考えられています。

　生まれてすぐに、宇宙は真空のエネルギーによって一瞬のうちに倍々ゲームのような加速膨張（インフレーション膨張）を行います。真空のエネルギーは空間そのものが持つエネルギーなので、空間が広がればエネルギーもみるみる増えます。こうして宇宙の内部に膨大なエネルギーが生まれ、それが星や私たちの体など全物質を生み出すもととなったのです。

　インフレーション膨張は真空の相転移の終了とともに終わり、同時に真空のエネルギーが熱エネルギーに変わります。宇宙は超高温に熱せられて、※小さな火の玉宇宙になったのです。これがビッグバンです。インフレーションが終わって火の玉になった宇宙の大きさは、せいぜい数十センチメートル程度だったと想像されています。インフレーションを起こす前の宇宙は素粒子よりもはるかに小さなサイズだったので、それが一瞬にして数十センチメートルにまで大きくなるというのは、とてつもない急膨張なのです。（※インフレーション膨張終了後の宇宙の温度は、モデルによって大きく異なります。私やグースが提唱したオリジナルのモデルでは、一〇の二八乗Kという値を示しましたが、その後に提唱された改良型モデルなどではそれより低い温度と考えるのが一般的です。）

急膨張を終えた超高温のミニ宇宙は、その後は減速膨張に転じます。宇宙が誕生して一万分の一秒後には陽子や中性子が作られ、三分後には陽子や中性子が結合してヘリウムなどの軽い元素の原子《げんし》核《かく》が作られます。いわば「元素の三分クッキング」ですね。ちなみに炭素や酸素、窒素、鉄など、私たちの体を作るおもな元素は、恒星が核融合反応によって燃える際に燃えかすとして作られます。また、鉄よりも重い元素（金、銀、ウランなど）は、超新星爆発（93頁）の際に爆発的に作られます。

さらに時間が経って三八万年くらいすると、膨張を続けた宇宙の大きさは現在の一〇〇〇分の一ほどになり、温度は約三〇〇〇Kに下がっています。すると、それまで自由に飛び回っていた電子が原子核に引きつけられて、原子を構成します。これによって、それまで宇宙空間を飛び回る電子に進路をじゃまされていた光が、まっすぐに進めるようになります（宇宙の晴れ上がり）。この直進できるようになった光が、宇宙背景放射《はいけいほうしや》のもととなった光であり、現在の宇宙では波長を一〇〇〇倍に引き伸ばされて、三Kの電波となって宇宙を満たしているのです。

ここまでのことを本書で説明しましたが、このあとの宇宙の歴史にも簡単にふれましょう。宇宙の中では、水素を主成分とした薄いガスが重力によって集まり、次第に密度と温度を上げていきます。温度が一〇〇〇万度くらいになると、核融合反応が起きて恒星が誕生します。最初の星が生まれたのは、宇宙が誕生して約二億年後のことだと考えられています。

広大な宇宙の片隅で、太陽と地球、そして太陽系の惑星たちが生まれたのは、今から約四六億年前のことです。そして約四〇億年前、地球上に最初の原始生命が生まれます。生命は何度も絶滅の危機にみまわれながら、長い時間をかけて進化し、ついに今から約五〇〇万年前、人類の祖先が現れます。その人類が約四〇〇年前に近代科学を生み出し、一〇〇年前に一般相対性理論を手にします。それからわずか一〇〇年で、私たちは宇宙一三八億年の歴史のあらすじを描き出すことに成功したのです。

一般相対性理論の生みの親・アインシュタインは、次のような言葉を残しました。

「宇宙についてもっとも理解できないのは、宇宙が理解できるということだ」

宇宙一三八億年の歴史の果てに生まれた人間の、たった一四〇〇グラム程度の脳が、広大な宇宙の全容と歴史を理解できるのは、まさに不思議であり、奇跡的なことであり、すばらしいことだと思います。もちろん、おごり高ぶってはいけませんが、ここは素直に、私たち人間のすばらしさを賞賛してよいのではないでしょうか。

第5章

宇宙は無数にあった!?

第二のインフレーションとブレーン宇宙論の衝撃

宇宙の謎はだいたい解かれてしまったのか？

これまでお話ししてきたように、私たちは相対性理論を初めとする科学の理論を使って、宇宙の歴史のあらすじを描くことに成功しました。また人工衛星などを使った最新の観測結果は、観測と理論がほぼ一致すること、つまり私たち宇宙論研究者の予言が正しかったことを証明するものになっています。これは本当に嬉しいことです。

でも、喜んでばかりもいられません。宇宙論的な謎がほぼ解明されてしまったのなら、それは同時に、私たちが失業してしまうことを意味するからです。もはや宇宙について、本質的な謎はみな解き明かされてしまったのでしょうか。

そうではありません。現代宇宙論は、宇宙の歴史の大まかな骨格を描き出すことには成功しましたが、これに肉づけしていく作業はこれからです。宇宙論の権威であるオックスフォード大学のＪ・シルクは、次のようにいっています。

「宇宙論はけっして終わったのではない。たぶん、その始まりの段階が終わったのだろう」

その証拠に、ＷＭ《ダブル》ＡＰ《マップ》やプランクなどの人工衛星による観測の結果、宇宙にはまだとてつもなく大きな謎が残っていることが示されました。宇宙を作っている要素のうち、私たちが正体を知っているものはたった五パーセント程度だというのです（ただ

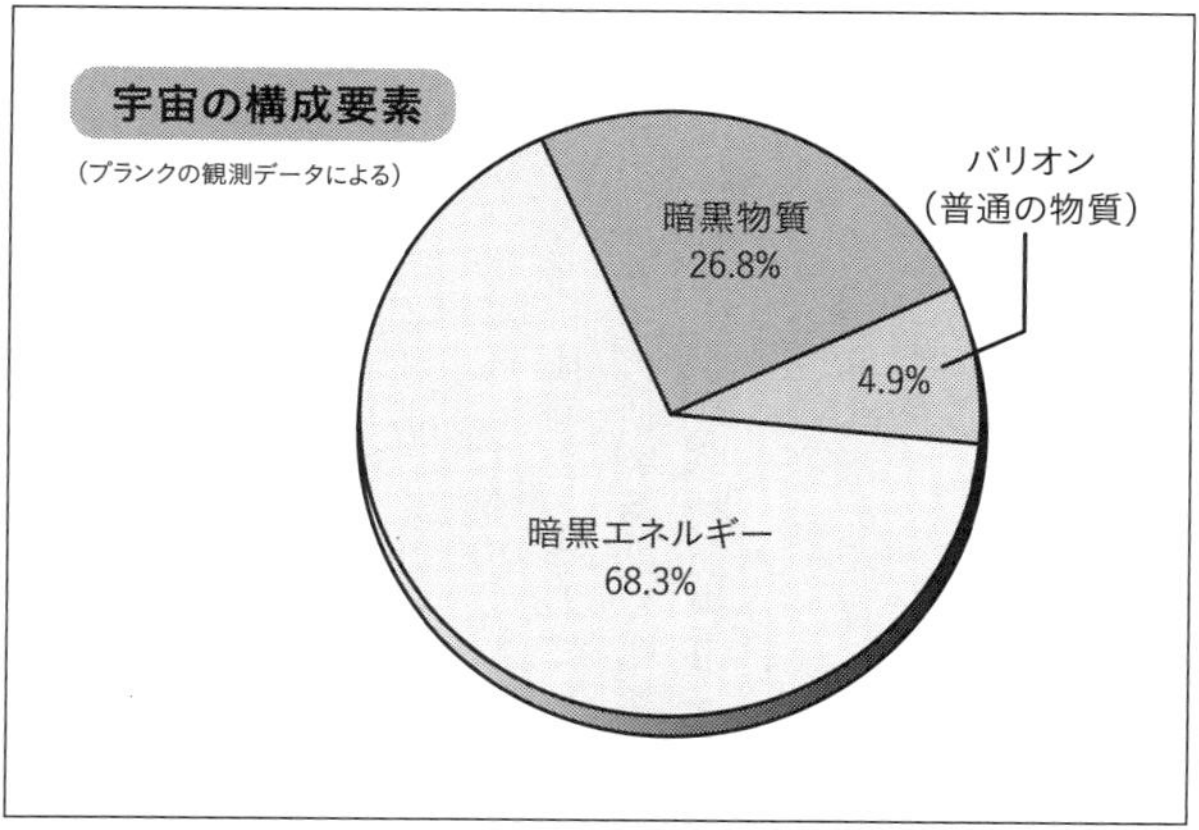

し、これは人工衛星の観測によって初めてわかったものではなく、宇宙論の研究者なら誰でもその存在を知っていた謎、織り込みずみの謎です）。

　銀河や恒星、惑星、星間ガス（星と星の間にあるガス）、そして人間や生命の体などは、各種の原子でできています。原子のおもな成分である陽子や中性子のことを、素《そ》粒子《りゅうし》物理学の世界ではバリオンといいます。バリオンでできた物質は、私たちにとって身近なものであり、その正体がよくわかっている物質です。でも宇宙を作るすべての要素の中で、バリオンが占める割合はたった五パーセントほどしかありません。

　残り約九五パーセントのうち、約二七パーセントは「目には見えないが、周囲に重力を及ぼす物質」で、暗黒物質（ダークマター）とよばれています。光や電波を出さないので、望遠鏡などで見ることはできませんが、周囲に重力を及ぼすので、その存在は一九七〇年代から予想されていました。銀河内の星の動きや、銀河団内の銀河の動きを見ていると、目に見えない何者かによって強く引っぱられていることがわかったのです。

暗黒物質の正体は、未知の素粒子であろうと考えられています。しかし、他の物質とほとんど反応せずに通り抜けてしまう、まるで幽霊のような素粒子なので、つかまえるのは非常に困難だとされています。

現在、世界中の研究機関で暗黒物質の正体探しが進んでいます。日本でも、東京大学宇宙線研究所が岐阜県飛騨市・旧神岡《かみおか》鉱山跡地に作った地下施設に、宇宙からやって来る暗黒物質をとらえるXMASS《エックスマス》という装置を作って、研究を進めています。暗黒物質探しの競争は非常に激しいので、そう遠くない将来にその正体がわかるのではないでしょうか。

「第二のインフレーション」を引き起こす「暗黒エネルギー」

宇宙を構成する要素のうち、バリオンと暗黒物質を合わせても、まだ三二パーセント程度にしかなりません。残り約六八パーセント、およそ七割を占める宇宙の真の主役は暗黒エネルギー（ダークエネルギー）とよばれますが、その正体はわかっていません。

暗黒エネルギーの存在が明らかになったのは、一九九八年のこと、本当につい最近のことなのです。アメリカとオーストラリアの二つの研究チームが、超新星を使って過去の宇宙膨張の速さを調べた結果、宇宙膨張のスピードが次第に速くなっている、加速しているとわかったのです。加速を引き起こしている正体不明の犯人が、暗黒エネルギーです。

なぜ宇宙膨張が加速しているとわかったのかを、説明しましょう。

重い星が一生の最後に起こす大爆発である超新星（超新星爆発）は、数日から数週間ほど非常に明るく輝き、その後次第に暗くなっていきます。このうち、Ia（いちエー）型超新星という種類のものは、ピーク時の明るさがどの星でも同じになることが理論的にわかっています。したがって、ピーク時の見かけの明るさが暗いものほど、より遠くにあるとわかり、超新星が現れた銀河までの距離を計算で求められます。

五〇億光年の彼方《かなた》にある銀河は五〇億年前の宇宙のようすを、一〇〇億光年先にある銀河は一〇〇億年前の宇宙の姿を私たちに見せてくれます。ですから過去のいろいろな時代における銀河を観測すれば、その時代における宇宙膨張の速さもわかります。

二つの研究チームが過去の宇宙膨張の速さを調べた結果、意外な事実が判明しました。宇宙の膨張速度はどんどん遅くなっているはずなのに、ある時点から逆に膨張速度が速くなっていたのです。

ビッグバン宇宙論では、宇宙は誕生以来、膨張速度が次第に落ちていく減速膨張を続けてきたと考えていました。唯一の例外が、宇宙初期のインフレーション膨張で、これを起こしたのは真空のエネルギー、すなわち空間自体が持つ斥力《せきりょく》（反発力）です。アインシュタインが仮定した宇宙項《うちゅうこう》（66頁）と同じ効果を持つ真空のエネルギーは、この急激な加速膨張が終わるとすべて熱エネルギーに変わったので、現在の宇宙にはほとんど残っていないというのが従来の考えでした。

でも現在の宇宙が加速膨張をしているのなら、それを引き起こしているのは真空のエネルギーに違いないというのが研究チームの結論でした。真空のエネルギーは現在の宇宙にも存在して、第二のインフレーションを引き起こしているというのです。ただし、数十億年かけて大きさが二倍になるというゆるやかな加速膨張なので、一瞬のうちに何百桁も大きくなった宇宙初期の急膨張とはかなり違いますが。

それでも彼らの発見は、まさに衝撃的でした。宇宙の膨張スピードが速くなるとい

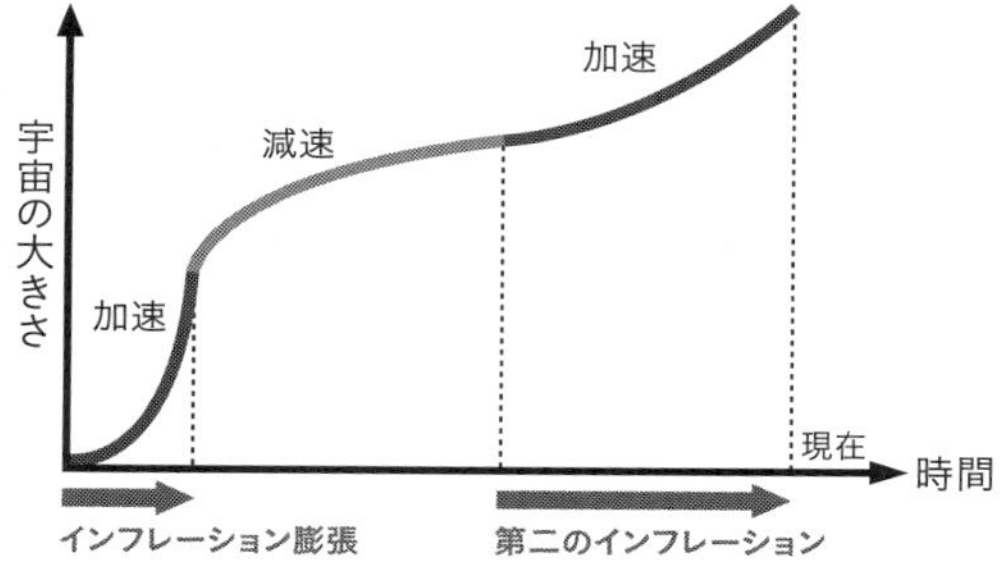

※このグラフはあくまでイメージであり、宇宙の大きさや時間の縮尺を正確に表しているものではありません。

うのは、リンゴを上に投げると、普通はリンゴが落ちてくるはずなのに、逆にスピードを増してどんどん上昇している状態と同じです。あり得ないことが宇宙で起きていたのです。二〇一一年に早くもノーベル物理学賞が与えられたことでも、発見のすごさがわかるかと思います。

ただし、現在の宇宙を加速膨張させているのは、真空のエネルギーとは少し違う特徴を持つ、未知のエネルギーが正体かもしれないと考えられています。そこで、より一般的な名前として暗黒エネルギーとよばれるようになったのです。

暗黒エネルギーの謎が次の物理学の扉を開く

現在の宇宙論における最大の謎、それが暗黒エネルギーの問題です。普通に考えると、初期宇宙でインフレーション膨張を起こした真空のエネルギーが現在の宇宙に残っていて、それが宇宙膨張を再加速させているように思います。でもこの場合、現在の宇宙に残っている真空のエネルギーの値を理論的に求めた値に比べて、観測から推定される暗黒エネルギーの値は一二〇桁も小さくなってしまうのです。この「小さすぎる問題（スモールネス・プロブレム）」は、宇宙論における最悪のミスマッチとよばれています。

この問題は、真空のエネルギーが「エネルギー密度は一定である」（132頁）という特徴を持つために起こるといわれています。宇宙膨張にともなって宇宙全体の真空のエネルギーの量が理論上どんどん大きくなってしまい、観測結果と一致しなくなるのです。

そこで真空のエネルギーに似ているものの、エネルギー密度が時間の経過とともに減少する、未知のエネルギーが暗黒エネルギーの正体だという説が登場しました。最初に提案されたモデルでは、その未知のエネルギーにクインテッセンス（Quintessence）という名前がつけられています。この言葉はフランス語の「quint（五番目の）」と

「essence（要素）」という語から成り立っています。

古代ギリシャ時代、地上の物質が土、空気、水、火の四つの元素が組み合わさってできていると考えられたのに対して、天界にのみ存在すると空想されたのが第五の元素であるクインテッセンスでした。そこから名づけられたもので、しゃれたネーミングですし、たしかにエネルギー密度が時間とともに減少するものを考えれば「小さすぎる問題」も一応説明がつきます。ただし、そうしたモデルの多くは、観測結果と一致するように数値を適当に調整してできたもの、いわば数合わせ的に作られている感じもあります。

というわけで、現時点で暗黒エネルギーの正体はまったく謎としかいえません。でも私は、暗黒エネルギーの謎こそが、新しい物理学の扉を開く鍵になると思っています。物理学が飛躍的に進歩する際には、こうした大きな謎が必要なのです。

現在、暗黒エネルギーの研究者たちは、過去の宇宙の膨張スピードをさらにくわしく調べて、暗黒エネルギーが時間とともにどう変化しているのかを解明しようとしています。そうした取り組みの一つが、カブリＩＰＭＵ（東京大学国際高等研究所カブリ数物連携《すうぶつれんけい》宇宙研究機構）が進めるＳｕＭＩＲｅ《すみれ》プロジェクトです。

このプロジェクトでは、日本が誇るすばる望遠鏡を使って数億個の銀河の形状を撮影し、また一〇〇万個の銀河までの距離を測定します。銀河同士の間が予想より離れていれば、そこでは宇宙の膨張速度が速かったとわかります。さまざまな距離、つまり過去のさまざまな時代における宇宙膨張の速度がわかると、宇宙を加速膨張させている暗黒エネルギーの性質が見えてきて、その正体を絞り込めるのです。

暗黒物質や暗黒エネルギーの謎を解き明かすことで、私たちは宇宙の真の姿をさらに深く理解できるようになるでしょう。さらには、相対性理論の登場によって物理学が大きく革新されたのと同じように、暗黒エネルギーの謎の解明が革命的な物理理論の誕生に結びつくことが期待されています。

もし新たな物理理論が誕生したとしても、ビッグバン宇宙論やインフレーション理論がまったくの間違いとして否定されることはないでしょう。ですが、私たちが知らなかった、より深い宇宙の真理が見えてくることは大いに期待できるに違いありません。

超弦理論が導くまったく新しい宇宙観

宇宙の加速膨張が発見されたのと同じ一九九〇年代後半に、従来の宇宙観をくつがえす、まったく新しい宇宙観に基づく宇宙の始まりが議論されるようになりました。

それは、私たちの宇宙の外に高次元の空間が広がっていると考えるブレーン宇宙論という仮説をめぐる議論です。

ブレーン宇宙論の土台になっているのは、量子重力理論（153頁）の有力な候補である超弦理論（超ひも理論）という新しい武器です。これについて、まず簡単に説明しましょう。

超弦理論では、物質をどんどん小さく細かくしていくと、最終的には超ミクロの弦（ひも）に行き着くと考えています。弦の長さは一〇のマイナス三三乗センチメートル（124頁で説明したプランク長さ）程度という、高性能の電子顕微鏡でもけっして見ることができないサイズだとされています。この超ミクロの弦が振動することで、クォークや電子など、さまざまな種類の素粒子に変身するのです。バイオリンの弦が振動すると、さまざまな音色が生じるようすをイメージしてください。

超弦理論の特徴の一つに、この理論は九次元の空間で成り立つということがあります。次元とは方向のことです。一次元とは、直線のように方向が一つしかないもの、二次元は面のように方向が二つあるものです。

私たちがよく知っている空間は、前後・左右・上下の三つの方向を持つ、三次元空間です。ですが、超ミクロの弦が振動してさまざまな素粒子に変身する時に、振動の

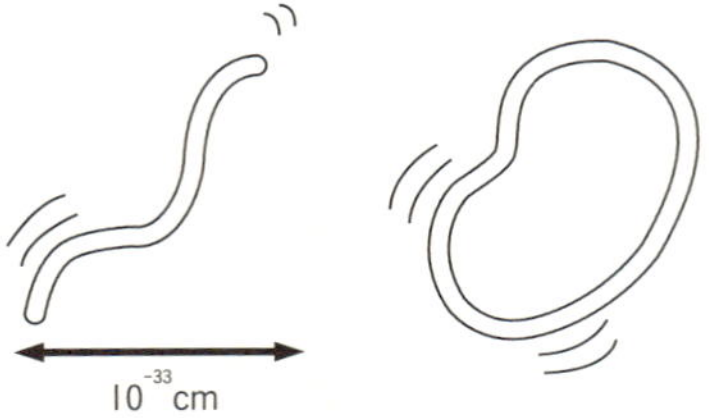

超弦理論によると、究極の微小構成要素は超ミクロの弦（ひも）である。弦がさまざまな方向に振動することで、さまざまな素粒子に変身する。

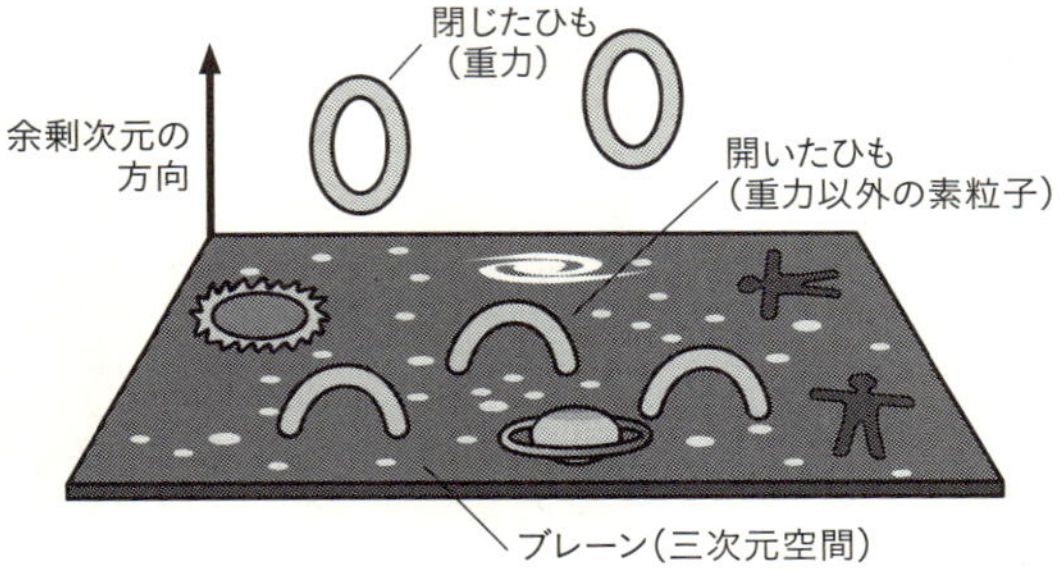

私たちの体などを作るほぼ全ての素粒子は開いた弦（端のある弦）から作られるが、その端がブレーンにくっついている。ただし重力を作る素粒子は閉じた弦（端のない弦）から作られ、余剰次元方向にも動くことができる。

方向つまり空間の次元は三つでは足りず、九次元の空間（時間と合わせると一〇次元時空）が必要になると考えるのが、超弦理論です。

でも、私たちは空間の次元を三つしか知りません。残りの六つの次元（余剰《よじょう》次元といいます）を私たちが認識できないのは、いったいなぜでしょうか。

その理由はいくつか考えられていますが、有力なアイデアとして、私たちが三次元の空間に閉じ込められているからだという見方があります。超弦理論によると、超ミクロの弦の先には必ずブレーンという膜《まく》（エネルギーの固まりのようなもの）がくっついています。英語で薄膜を意味するメンブレーン（membrane）から名前がつけられました。私たちの体を作るほぼすべての素粒子（弦の振動によって作られます）は、三次元のブレーンにくっついていて、そこから離れることができません。そのために、私たちは三次元空間しか認識できないのです。

たとえるなら、漫画の登場人物は二次元の紙の上に描かれていて、二次元の世界に閉じ込められているようなものです。同じように私たちは三次元空間に閉じ込められているので、その外に広がる高次元空間に気づかないのです。

私たちの宇宙は「薄っぺらな膜」だった？

素粒子に変身する超ミクロの弦の先端がブレーンにくっついているために、私たちは余剰次元を認識できないのだと、先ほどお話ししました。素粒子から作られる私たちの体だけでなく、星や銀河も、そして宇宙に存在するあらゆるものは、三次元のブレーンにくっついているのです。ただし、重力を伝える素粒子だけは「閉じた弦」でできているので、先端がなく、そのために三次元ブレーンを離れて余剰次元方向にも進めるのですが、ここではそのくわしい話は割愛します。

ならばいっそ、私たちの宇宙そのものがブレーンだと考えてもいいでしょう。星も銀河も私たちも、宇宙の内部にあるすべてのものは、三次元のブレーンである宇宙の中に閉じ込められて、そこから離れることができません。そして三次元の宇宙は、さらに六つ（その後七つという理論も登場します）の余剰次元を持つ高次元空間から見れば、余剰次元への厚みを持たない、薄っぺらな膜のような存在だといえます。

私たちの宇宙は、高次元空間から見れば「薄っぺらな膜」だった。私たちの宇宙の「外」には、高次元空間が広がっている――こんな不思議な宇宙像が一九八八年に提唱されました。これがブレーン宇宙論です。

一〇次元あるいは一一次元の時空を想像するのは困難ですが、むりやり絵に描くな

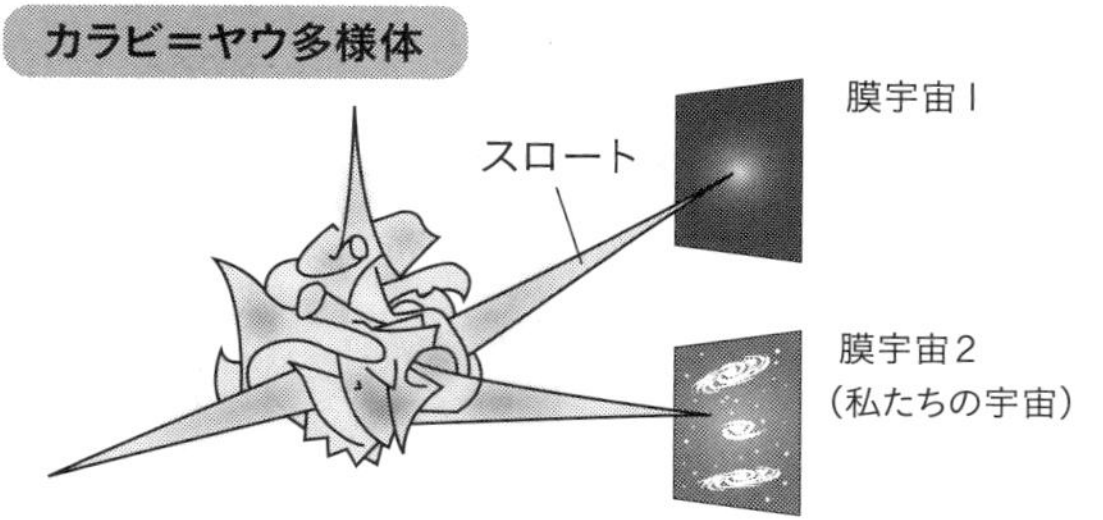

私たちに認識できない次元（余剰次元）は小さく丸まって絡みついていて、これを「カラビ＝ヤウ多様体」という。そこからスロート（喉）と呼ばれるものがいくつも伸びて、私たちの宇宙（膜宇宙）や別の膜宇宙と接している。

ら、上の図のようなものになります。私たちに認識できない余剰次元が小さく丸まって絡《から》みついた不思議な高次元空間（カラビ＝ヤウ多様体といいます）からスロート（喉の意味）というものが伸びて、私たちの宇宙（膜宇宙）と接しています。さらに高次元空間からは何本ものスロートが伸びて、別の膜宇宙と接しています。つまり、私たちが住む宇宙以外にも、別の宇宙がたくさん存在するのです。

第4章で紹介した宇宙のマルチプロダクション仮説（148頁）でも、宇宙は一つではなく、私たちの母宇宙や子宇宙、孫宇宙などが存在するという説を紹介しました。ブレーン宇宙論では、それとは別のしくみによって、宇宙は私たちの宇宙だけではなく、それこそ無数に存在する可能性を示したのです。

宇宙のことを英語でユニバースといいますが（49頁）、ユニとは「一つの」という意味です。宇宙がたくさんあるなら、ユニではなくなるので、たくさんの宇宙を意味するマルチバースという言葉が生まれました。ある研究者は、マルチバースは全部で一〇の二〇〇乗個あるいは一〇の五〇〇乗個という途方もない数が存在する、といっています。

宇宙に始まりはない？　暗黒エネルギーもない？

現在、ブレーン宇宙論を使って宇宙の創成、そしてインフレーションから現在の宇宙の加速膨張までを統一的に説明するモデルを作ろうと、多くの物理学者が取り組んでいます。そうしたモデルの一つにエキピロティック宇宙モデルがあります。

それによると、二つのブレーン宇宙が衝突、はね返り、膨張、そして再び衝突というサイクルをくり返しているというのです。ブレーン同士の衝突がビッグバン（このモデルではエキピロティック大爆発とよんでいます）であり、また接近・衝突の際にブレーンにしわができて、それが宇宙背景放射《はいけいほうしゃ》のゆらぎ（139頁）として観測される、という考えです。エキピロティックとはギリシャ語の「大火」が語源です。

この場合、ビッグバンは何度もくり返されますので、宇宙には始まりも終わりもなく、永遠に循環することになります。また、ブレーン宇宙と反ブレーン宇宙がぶつかって両者が消滅し、その時に生じるエネルギーが別のブレーン宇宙に伝わってインフレーションをもたらすなど、いろいろなことが考えられています。

他にも、余剰次元に重力がもれ出していることが、宇宙の加速膨張を生んでいるという仮説もあります。先ほど少しふれたように、重力を伝える素粒子だけは余剰次元の方向にも進むことができます。これは、余剰次元にも重力が伝わる、つまり重力がもれ出しているということです。その分、私たちの宇宙の中では重力が弱くなるので、宇宙膨張を減速させるためのブレーキが弱くなります。さらに、重力のもれ出しによってブレーンに一種の張力が生まれ、これが宇宙膨張を加速させるアクセルになります。つまり「暗黒エネルギーなど存在しなくても、現在の宇宙膨張が加速していることは十分に説明できる」というのです。ただし、このモデルが宇宙論全体と矛盾することなく、現在の加速膨張を説明できるのかは、明らかではありません。

相対性理論に基づく宇宙論では、宇宙は唯一の存在であり、それがビッグバン宇宙として始まり、現代にいたっているという姿を描いてきました。しかし、超弦理論に基づくブレーン宇宙論は、こうした考えを根底からくつがえそうとしているのです。

もちろん、ブレーン宇宙論に基づくこうした仮説は、理論的に不完全なものばかりです。また「このモデルが正しければ、従来の理論では説明できないこういった現象を、現実の宇宙で見つけられるはずだ」という新しい予言をするのが、非常に難しくなっています。したがって、私は個人的には、ブレーン宇宙論はまだ海のものとも山のものともつかない、評価が難しいものだと感じています。

宇宙を知ろうとする人間の営みは続く

宇宙の九五パーセントが正体不明であるとか、宇宙は一つでなく、一〇の五〇〇乗のマルチバースがあるとか、ブレーン同士の衝突によって宇宙は何度もビッグバンをくり返すとか、こうした話を聞かれて、みなさんはどう思われましたか。

「結局、宇宙については、ほとんど何もわかっていないじゃないか」

「『私たちは何も知らなかった！』と叫んだ、惑星ラガッシュの天文学者と同じで、むなしくなったりしないの？」

そんなふうに思われるかもしれませんね。

宇宙論研究者は、たぶん誰も、むなしくなってはいないと思います。むしろ、喜んでいるのです。

「そうか、宇宙には隠された真実がまだたくさんあって、私たちに発見されるのを待っているのだな！」

それが私たちの思いです。「仕事がなくなってしまい、失業するようなことにならなくてよかった」とほっとしている人もいるかもしれませんが。

宇宙に限ったことではありませんが、一般に知識というものは、何かについて知れば知るほど、わからないことや新たな謎も次々と登場します。それは球の体積と表面積の関係にたとえられています。球の体積が増えるほど、表面積も増えますよね。球とは知識のことであり、宇宙について知っていることが増える、つまり球の体積が増えると、未知の領域との境界である表面積もやはり増えていくのです。

ですから、惑星ラガッシュの天文学者は、天文学の知識がなかったのではなく、そもそも天文学者や科学者ではなかったのだと思います。科学者なら、知らないことに対して恐れたりせず、「わからないことがあるなら、それを明らかにしよう！」と思うはずだからです。登山家が「あの山を登るのは大変だから、やめようかな」とは思わず、「あの山を登るのは大変だから、登ってみよう！」と考えるようなものだといえば、感覚的にわかっていただけるでしょうか。

私たちは、宇宙の広大さを知っています。ですから、人間が宇宙について「すべてわかった！」と宣言できる日など、おそらく来ないでしょう。でも、といいますか、だからこそ、私たちは宇宙のことを知りたいと思うのです。

宇宙に比べて、こんなにちっぽけな人間が、みずから生み出した科学の言葉で宇宙をここまで認識し、そしてそれを通して「自分たちが何者か」を知ることができるようになりました。人間は、宇宙の中ではかないけれど、すばらしい存在です。そしてこれからも、人間が宇宙を知り、それを通して自分を知るという営みを、ずっと続けていくのだと思います。

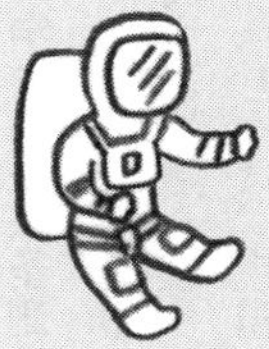

第6章

宇宙は将来どうなるのか？

宇宙の未来の姿を探る

宇宙の未来予測は「科学」ではない

ここまで、宇宙の過去の歴史をお話ししてきましたが、本書で紹介してきた宇宙に関する知識を使うと、宇宙の未来の姿についても予想することができます。

たとえば、宇宙は生まれてから一三八億年もの間、膨張を続けてきましたが、これからもずっと膨張を続けるのでしょうか。それとも未来のどこかで膨張が止まり、逆に収縮を始めたりするようなことがあるのでしょうか。

先にお断りしておきますと、こうした宇宙の未来予測は、とても科学とはよべません。宇宙の未来について、科学理論に基づいていろいろと考えることは可能ですが、現実にそのようなことが書かれた科学の論文はほとんどありません。なぜなら、その論文が正しいかどうかを確かめることが絶対にできないからです。

これからお話しするのは、一〇〇億年後、一〇〇〇億年後、さらには一〇の何十乗年後といった、とてつもない未来の宇宙の予測です。そんな未来のことを確かめることなど、誰にもできません。そもそも人類が、私たちの子孫が存在している保証すらありません。したがって、論文の内容の正しさを確かめることなど絶対に不可能ですし、確かめられなければ、それは科学ではなくて、単なる「お話」なのです。

ですからこれからお話しすることも、単なるおとぎ話・ＳＦのようなものであって、科学ではないということを踏まえて、気軽に楽しんでください。

太陽と地球の未来①：太陽は赤色巨星になる

宇宙全体の未来の話をする前に、私たちに身近な太陽と地球の未来予測について紹介しましょう。これは、今から五〇億年以上先の未来に訪れる、太陽と地球の最後の姿です。

現在の太陽の中心部では、核融合反応によって水素からヘリウムが作られ（これを「水素が燃える」といいます）、それにともなって膨大なエネルギーが放出されています。この状態は星としての大人の段階で主系列星とよばれます。太陽はあと五〇億年は主系列星の段階にいると思われます。

やがて、太陽は燃料の水素をほぼ使い果たし、中心部は燃えかすのヘリウムだらけになります。そのために中心部は収縮しますが、一般に物体は収縮すると温度が上がるので、中心部の温度は上昇します。すると周辺にある、まだ燃えずに残っていた水素が激しく燃えて、大量の熱が放出され、太陽の表面が膨張します。

膨らんだ表面部分は温度が下がるため、巨大化した太陽は赤く見えます。こうした星を「赤色巨星」といいます。主系列星が壮年期の星であるのに対して、赤色巨星は老年期を迎えた星だといえます。

赤色巨星になった太陽は、一〇億年くらいかけて、直径が現在の一五〇倍くらいになります。これは、太陽の大きさが現在の金星の軌道くらいまで広がるということです。そのため、水星や金星は太陽に飲み込まれて蒸発するでしょう。地球は、赤色巨星となった太陽の表面がすぐ近くまで迫り、猛烈なガスが噴き出してくるために、火炎地獄のような世界になるでしょう。

赤色巨星となった太陽の中心部では、収縮がさらに進んで温度が上がり、今から六〇億年後に約三億度に達します（現在の太陽の中心部は約一五〇〇万度）。すると、燃えかすのヘリウムが核融合反応を起こし、炭素や酸素に変わりながらエネルギーを生み出します。その結果、中心部分の収縮がいったん止まり、膨れ上がっていた太陽の表面は縮んで、現在の大きさの一〇倍程度になります。

ヘリウムの燃焼は急速に進み、一億年ほどで（今から六一億年後に）中心部分には燃えかすの炭素や酸素がたまります。すると中心部分は再び収縮を始めて温度が上がり、周辺部のヘリウムや水素が激しく燃えて、太陽は再び膨張を始めて、現在の二〇〇～三〇〇倍の大きさになります。これを漸近巨星分枝《ぜんきんきょせいぶんし》（漸近赤色巨星、ＡＧＢ星）といい、太陽サイズの恒星の最晩年の姿です。

この時、太陽の大きさは二〇〇倍に膨れていれば地球の公転軌道近くまで、三〇〇倍なら火星の軌道にまで迫ります。ただしこの時、地球は太陽に飲み込まれないかもしれません。それは、地球の公転軌道が現在よりも大きくなっているからです。赤色巨星となった太陽の表面からは、大量のガスが放出されて、太陽は質量を大きく減らします。その結果、太陽の重力が小さくなって、周囲を回る惑星の公転軌道が大きくなるのです。しかし、太陽に飲み込まれなくても、すでに黒焦げになっているであろう地球は、事実上死んでしまったようなものといえるでしょう。

太陽と地球の未来②：太陽は小さく縮んで白色矮星《はくしょくわいせい》になる

漸近巨星分枝の段階の太陽は、非常に不安定になって、星全体が膨張や収縮をくり返すようになり、大量のガスを周囲にまき散らします。そのために、太陽は重さが現在の半分にまで減り、やがて高温の中心部分がむき出しになります。燃料となる水素もヘリウムも使い果たし、燃えかすの酸素や炭素だけが残った中心部は、自分の重力でゆっくりと収縮してきます。

しかし、収縮はある段階で止まります。物質を超高密度に圧縮した場合に、電子同士に反発力が生まれ、この力が収縮を止めるのです。

この時、太陽（漸近巨星分枝の中心部だったもの）は地球程度の大きさになり、高温で白く輝きます。これを白色矮星といいます。漸近巨星分枝の段階から白色矮星になるまでには、一〇〇〇万年ほどしかかからないと考えられています。

白色矮星になった太陽は、内部にはもう熱源がないので、数十億年かけてゆっくりと冷えていきます。

しかし初めのうちは、白色矮星になる直前の高温の星から強い紫外線が放出され、周囲にまき散らされたガスを電離《でんり》（原子や分子が電子を放出または吸収してイオンになること）させます。するとガスは、色とりどりに美しく光り輝きます。これを惑星状星雲といいます。望遠鏡の性能がよくなかった時代は、球状に輝くこの天体が木星や土星のように見えたので、惑星と思われたのですが、実際は星雲（ガス）であって、惑星とは関係ありません。その輝きの期間は短く、一〇〇〇年から数万年です。

さらに数十億年経つと、白色矮星の輝きも失われていきます。ついに光を出さない黒色《こくしょく》矮星となって、宇宙の闇の中に消えていきます。これが太陽の最期の姿だと考えられています。

黒色矮星となった太陽の周囲を、太陽に飲み込まれなかった惑星が、何百億年、何千億年と静かに公転し続けるでしょう。地球は、かろうじて生き残って「もと太陽」

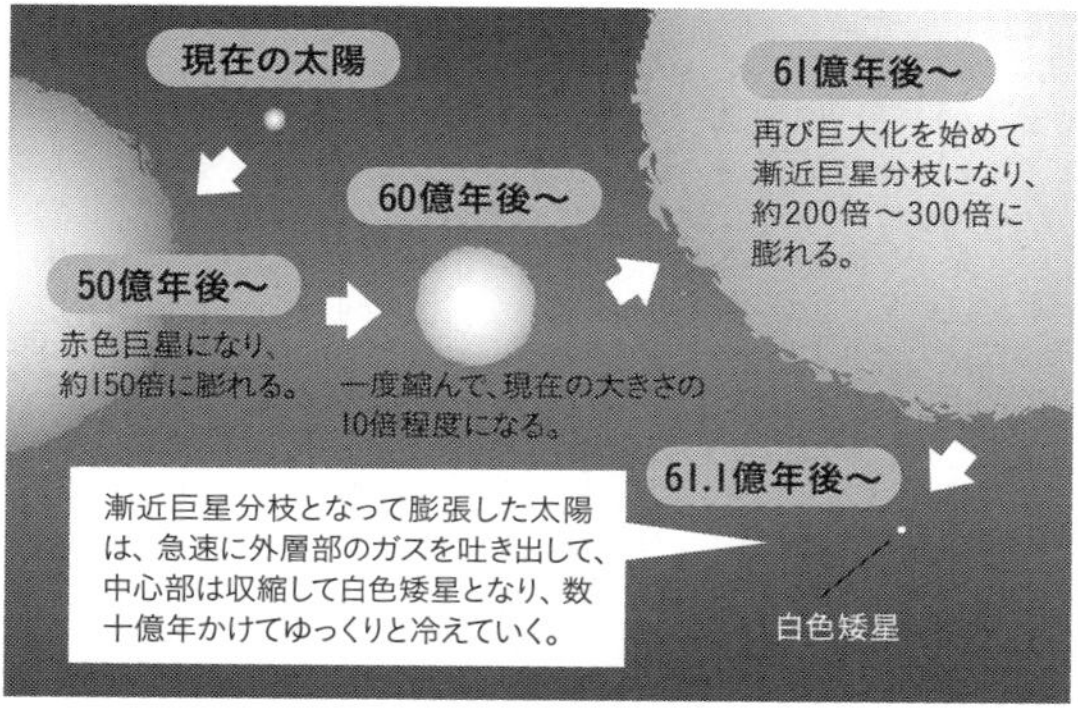
現在の太陽
61億年後〜
再び巨大化を始めて
漸近巨星分枝になり、
約200倍〜300倍に
膨れる。
60億年後〜
50億年後〜
赤色巨星になり、
約150倍に膨れる。
一度縮んで、現在の大きさの
10倍程度になる。
61.1億年後〜
漸近巨星分枝となって膨張した太陽
は、急速に外層部のガスを吐き出して、
中心部は収縮して白色矮星となり、数
十億年かけてゆっくりと冷えていく。
白色矮星

の周囲を半永久的に回り続けるか、あるいは軌道の乱れなどの影響で太陽系の外にはじき飛ばされ、恒星間をさまよっているかもしれません。

銀河系の未来：銀河系とアンドロメダ銀河が衝突する

今度は、太陽を含む一〇〇〇億の恒星からなる銀河系（天の川銀河）の未来の姿を見てみましょう。

序章で、私たちの銀河系はアンドロメダ銀河などといっしょに、三〇個ほどの銀河からなる局所銀河群という小さな集団を作っていることを説明しました。今から数十億年後には、局所銀河群の銀河はすべて合体して、一つの巨大な銀河になると予想されています。

みなさんの中には、第1章で説明したハッブル－ルメートルの法則を思い出して「銀河同士は宇宙膨張のために互いに遠ざかるのでは？」と思う方がいるかもしれません。ですが、宇宙膨張の影響が生じるのは、別の銀河団に所属する銀河同士、宇宙のスケールでいうと数千万光年以上離れた銀河同士での場合です。同じ銀河団や銀河群（数十個の銀河の集まりを銀河群、一〇〇個以上だと銀河団といいます）に所属する銀河同士は、お互いに重力の影響が上回って、どんどん近づいていくのです。

まず一〇億年後には、銀河系は近くにある大マゼラン雲と小マゼラン雲という二つの小さな銀河を吸収してしまいます。ただし近年の観測によると、大小二つのマゼラン雲のスピードが思ったより速く、もしかすると銀河系の重力を振り切って、一〇億年後には遠くへ去っている可能性もあるそうです。一方で最新の研究では、大小マゼラン雲は数十億年以内に、やはり天の川銀河に飲み込まれるという予測もあります。

そして約四〇億年後には、銀河系の二倍の大きさと恒星数を持つ巨大なアンドロメダ銀河が銀河系に接近します。現在、銀河系とアンドロメダ銀河は約二三〇万光年離れていますが、互いの重力によって引き合い、秒速約三〇〇キロメートルという猛スピードで近づいています。近づくにつれてスピードが増し、二つの銀河は衝突、あるいは衝突寸前にまで大接近します。

ただし、衝突あるいは大接近した銀河系とアンドロメダ銀河は、いきなり合体するわけではありません。シミュレーションによると、二つの銀河はダンスを踊るかのように、お互いのまわりを二～三周しながら、数十億年ほどかけてゆっくりと混ざり合っていきます。その過程で、銀河内の恒星はきれいな渦を巻くような動きではなく、それぞれが勝手な軌道を描くようになります。

そのために銀河の渦巻き状の構造は失われ、最終的に楕円《だえん》のような形をした一つの巨大な楕円銀河が誕生します。この新たな銀河をミルコメダとよぶ人もいます。天の川（ミルキーウェイ）とアンドロメダを組み合わせた名前です。

局所銀河群にはもう一つ、大きな渦巻銀河である「さんかく座銀河」があります。この銀河も、銀河系とアンドロメダ銀河の衝突に前後して、衝突・合体に加わるものと予想されています。

銀河系とアンドロメダ銀河が衝突・合体する時、衝突の勢いではじき飛ばされた太陽系は、新たにできる銀河の中心から一〇万光年離れた場所に移るという説がありま す。現在、太陽系は銀河系の中心から約二万六一〇〇光年離れた銀河の郊外に位置しています。これに比べると、銀河中心部から一〇万光年というのは、新たな銀河が超巨大とはいえ、だいぶ辺境に飛ばされることになります。

なお、銀河同士の衝突による影響は、太陽系の内部には及ばないとされています。太陽系がバラバラになることはなく、そっくりそのまま飛ばされるのです。また、銀河同士が衝突しても、銀河内の恒星同士がぶつかることはまずありません。銀河の中での星同士の間隔は、「太平洋をはさんでスイカが二つある」程度のスカスカ具合なので、星同士がぶつかることは考えにくいのです。

したがって人類がその時まで生き延びていられたなら、銀河系とアンドロメダ銀河の衝突という壮大な宇宙ショーを眺めることができるでしょう。

一〇〇〇億年後…私たちの銀河しか見えなくなる

今度は、宇宙全体の未来予想図を紹介しましょう。

宇宙全体の未来は、宇宙がこのまま膨張を続けるのか、それともどこかで膨張を止めて逆に収縮を始めるのかで、大きく変わってきます。その鍵をにぎるのは、暗黒エネルギーの性質です。

現在、宇宙は第二のインフレーションという加速膨張が始まっていることを第5章で説明しました。暗黒エネルギーの密度が一定であって変化しない場合（170頁）、宇宙はこのまま永遠に加速膨張を続けます。まずは、そのケースから見てみましょう。

今から一〇〇〇億年後、私たちの子孫が先ほど紹介したミルコメダ銀河のどこかに住んでいたとしても、彼らは自分たち以外の銀河が宇宙に存在していることに気づかないかもしれません。他の銀河は、宇宙のどこを探しても見つからないからです。

銀河系やアンドロメダ銀河などが合体して巨大な楕円銀河になるように、宇宙の他の銀河団や銀河群内の銀河も、数百億年後にはすべて合体していると予想されます。では、こうした巨大な合体銀河同士が、さらに合体していくかというと、それは起こりません。逆に、合体銀河同士は、宇宙が加速膨張することによって、互いにどんどん遠ざかります。

加速膨張する宇宙の場合、私たちから見て遠くにある銀河ほど、どんどん速く遠ざかり、やがて後退速度が光の速さを超えます。そうなると、その銀河からは光がやって来ません。こうして一〇〇〇億年後には、どの銀河にいる知的生命も、自分たちの銀河以外の銀河が宇宙に存在することを観測できなくなるのです。

さらに、一〇〇〇億年後の宇宙では、宇宙背景放射《はいけいほうしゃ》を観測することもできなくなります。宇宙があまりに大きくなったために、宇宙背景放射の電波が引き伸ばされすぎて、非常に微弱な電波になってしまうのです。少なくとも現在の私たちが持っているような技術では、とても観測できません。

そのため、宇宙背景放射を観測できない私たちの子孫は、宇宙がビッグバンから始まったことを疑うようになるかもしれません。「いにしえの神話によると、ビッグバンというものがあったらしいが、それを科学的に証明することはできない」と彼らは考えるのではないでしょうか。

一〇〇兆年後…すべての恒星が燃えつきる

さらに未来へ飛びましょう。宇宙が加速膨張を続ける間も、ミルコメダ銀河の中では、星が爆発してガスが飛び散り、そのガスが集まって新たな星ができることがくり返されます。しかし、水素やヘリウムといった、核融合によって星を輝かせる材料となるガスは次第に減っていき、新たな星が生まれることは少なくなっていきます。

そして一〇〇兆年後には、すべての恒星が燃えつきます。恒星の寿命は、重い星ほど高温で激しく燃えて、燃料のガスを早く使い果たすため、軽い星のほうが寿命は長くなります。もっとも軽い星の寿命は約一〇〇兆年と考えられています。

一〇〇兆年後のミルコメダ銀河の中に残るのは、星の燃えかすである黒色矮星や中性子星、ブラックホールです。太陽よりずっと重い星が寿命を迎えると、超新星爆発を起こして、あとには非常に高密度で重力の強い中性子星ができます。さらに重力が強くなると、星全体が一点にまで縮んで、光さえも脱出できなくなり、ブラックホールが生まれます。

そしてもう一つ、ミルコメダ銀河の中心部には、巨大なブラックホールが存在します。巨大ブラックホールは周囲の冷えた星々を飲み込みながら、さらに成長していきます。また、巨大ブラックホールに落下する星のエネルギーを受け取って、周囲の星がミルコメダ銀河から飛び出していくことも起こります。

この結果、一〇〇京《けい》年(一〇の一八乗年、一京は一兆の一万倍)後には、ミルコメダ銀河などすべての合体銀河も姿を消します。これを銀河の蒸発といいます。残るのは、超巨大ブラックホールと、銀河から飛び出して宇宙をさまよう一部の星だけです。

一〇の一〇〇乗年後…宇宙は「永遠の老後」を迎える

さらに遠い未来、一〇の三四乗年以降の宇宙になると、今度は宇宙から物質が姿を消します。

素粒子《そりゅうし》の理論である大統一理論(146頁)によると、一〇の三四乗年以降には非常に安定した粒子である陽子が壊れて別の粒子になると考えられています。これを陽子崩壊といいます。陽子は原子核《げんしかく》を構成する粒子なので、陽子崩壊は私たちの身の回りにある物質の消滅を意味します。

なお、一〇の三四乗年「以降」という書き方をしているのは、この数値が下限値だからです。陽子の寿命の推定値、つまり陽子崩壊が起きるまでの時間は、大統一理論のモデルによって大きく変化します。

こうして宇宙に残る天体はブラックホールだけになります。ブラックホールは物質ではないので、陽子崩壊後も生き残っています。また、光子（光の素粒子）や電子など、一部の素粒子も存在しています。

最後に残った天体・ブラックホールも永遠ではありません。一〇の一〇〇乗年後には、ブラックホールが蒸発を起こすと考えられています。

ホーキング（44頁他）が唱える「ブラックホールの蒸発理論」によると、ブラックホールは周囲のものを飲み込んで質量を増やしていく一方ではなく、質量を減らすこともあるといいます。ホーキングはミクロの世界の物理法則である量子論をブラックホールに当てはめて、ブラックホールが光を放って蒸発することがあると予言しました。

ただしブラックホールが大きい時には、蒸発は非常にゆっくりとしか進みません。

ブラックホールが小さくなるにつれて、蒸発の速度は次第に速くなり、質量が急速に減っていきます。そして最後に激しく蒸発して、大爆発を起こすのです。

合体銀河の中心にあった巨大ブラックホールが蒸発するには、一〇の一〇〇乗年という長い時間がかかります。宇宙のあちこちで激しい爆発が起きて、宇宙はいっとき光に包まれることでしょう。

しかし、それもやがて終わり、ブラックホールも消滅した宇宙は、光子や電子などだけが飛び交う、暗く冷たい、うつろな空間となります。宇宙自体は消えませんが、ただ静かに膨張していくだけで、宇宙は永遠の「老後」を過ごすのです。

宇宙が収縮に転じるケース①：宇宙の温度がどんどん上がっていく

ここまで紹介してきたのは、宇宙が永遠に膨張を続けたケースの話です。宇宙の未来のもう一つのシナリオは、宇宙の膨張がやがて止まり、収縮に転じるケースです。この場合、最後に宇宙は一点につぶれてしまいます。これをビッグクランチといいます。

現在の宇宙は暗黒エネルギーによって加速膨張をしていると考えられていますが、たとえば暗黒エネルギーがもう一度真空の相転移（129頁）を起こして、今度こそ完全に消えてしまうかもしれません。このように、暗黒エネルギーの密度が将来減る場合、宇宙は重力によって膨張が止まり、逆に収縮を始めるようになるかもしれません。

（宇宙が収縮に転じるには、暗黒エネルギーの密度が時間とともに減り、かつ、宇宙の曲率が正であるということが条件になります。宇宙の曲率が正とは、宇宙の内部にある物質やエネルギーの量が「臨界量」という値より多い場合を指します。）

宇宙の膨張が将来止まるとして、それがいつになるのかは、まったくわかりません。仮に、今から八六二億年後に宇宙の膨張が止まるとしましょう。一三八億年前に宇宙が誕生して、その一〇〇〇億年後に宇宙の膨張が止まると考えるのです。

八六二億年後の宇宙に存在しているミルコメダなどの超巨大な合体銀河は、宇宙が収縮を始めると、それまでは互いに遠ざかっていたのが、今度は逆に近づいていきます。やがて、合体銀河同士が衝突・合体していきます。

宇宙の収縮が進むと、宇宙の温度も上昇していきます。現在の宇宙は三K（摂氏《せっし》マイナス二七〇度）くらいの極低温ですが、それが摂氏でプラスの温度になり、さらに高くなっていきます。やがて黒色矮星や中性子星の表面が蒸発し始め、ついには星全体が蒸発してガスとなるでしょう。唯一残っている天体はブラックホールで、周囲の星やガスを飲み込みながら、どんどん大きくなります。

宇宙が収縮に転じるケース②：宇宙がブラックホールに飲み込まれる

ビッグクランチの一秒前から〇・〇〇一秒前くらいになると、今度はブラックホール同士が合体を始めます。超巨大なブラックホールから小さなブラックホールまでが合体を重ねるのです。

そしてついに、最後の瞬間が訪れます。超巨大なブラックホール同士が合体するような形で、宇宙全体がつぶれてしまうのです。これは「ブラックホールが宇宙全体を飲み込む」あるいは「宇宙全体がブラックホールになる」ともいえます。これがビッグクランチの姿です。

こうして私たちの宇宙は、超ミクロの一点から生まれて、一〇〇〇億年間膨張し、今度は一〇〇〇億年かけて収縮して再び一点に戻って、二〇〇〇億年の寿命を終えるのです。

はたして、宇宙は永遠に膨張を続けるのでしょうか、それともいつかは収縮に転じて、つぶれて終わるのでしょうか。

二〇一八年にカブリＩＰＭＵ（１７１頁）などの国際研究チームが、すばる望遠鏡を使って暗黒物質の空間分布を調べ、さらに暗黒エネルギーの時間的進化についても考察した研究成果を発表しました。それによると、宇宙の未来について、宇宙は永遠に静かな膨張を続けるか、あるいは膨張が急激に速くなって最後には原子までがバラバラに引き裂かれて終わる「ビッグリップ」を迎える可能性があることがわかったそうです。少なくとも今後一四〇〇億年はビッグリップが起こることはないそうです。また、宇宙が収縮に転じてビッグクランチを迎える可能性は極めて低いとのことです。

なお、ここまでお話ししたのは、ビッグバン宇宙論に基づくオーソドックスな宇宙の未来の姿です。第5章で紹介したブレーン宇宙論の中には、宇宙が何度もビッグバンをくり返すというエキピロティック宇宙モデル（１７８頁）などもありますので、そうした場合、宇宙の未来はまったく違ったものになるでしょう。

たった一年後のことを正しく予言することさえ、私たち人間には不可能です。それなのに、二〇〇〇億年後のビッグクランチや、一〇の一〇〇乗年後のブラックホールの蒸発を予想して、何の意味があるのかと思う方も多いかもしれません。

そもそも、この章の最初に申し上げたように、宇宙の未来の予想は科学ですらない、御伽《おとぎ》話にすぎません。ですが、私たちの想像力の翼をはばたかせることには、きっと役に立つのだろうと思います。そして、はるかなる未来の旅・想像の旅を終えて、再び日常の世界・現実の世界に帰ってきた時、私たちの中で何かが変わっている可能性があるとは思いませんか。

おわりに

先日、高校生の方を対象にして宇宙の話をした際に、一人の生徒さんがこう言いました。

「宇宙って、なんか冷たくて機械的な感じがします」

これは私にとって少々ショックな発言でした。私たち宇宙の研究者は、宇宙のことを自分が住んでいる世界だと思っています。でもこの生徒さんにとって、宇宙はきっと自分とはまったく関係のない、よその世界というイメージだったのでしょうね。そして同じような思いをいだいている方は少なくないのでしょう。

たしかに「宇宙に行く」などと言いますし、宇宙は私たちが暮らす世界とは別の場所、別の環境のように思えます。でも、視点を変えてみてください。地球は宇宙の中にあるのです。地球だって、間違いなく宇宙の一部なのです。

私たちは地球という星の上で生まれましたが、同時に私たちは宇宙の中で、宇宙一三八億年の歴史の果てに誕生した生命なのです。私たちは「地球人」であるのと同時に「宇宙人」でもあるのです。そうした考えや視点を持っていただくと、宇宙に対する見方もまた変わってくるのではないかと思います。

宇宙について知ることの大きな意義の一つは、「視野が広くなること」や「視点が変わる」ことだといえます。

普段、私たちはどうしても、視野が狭くなったり、かたよった視点から物事を考えたりしがちです。そうした際に、宇宙のことを思うと、自分がどれだけ小さな悩みでくよくよしていたのかに気づいて、新たな気持ちで物事に取り組めたりするかもしれません。また、宇宙から地球を見るように、全体を俯瞰的に考えることで、全体にとってより良い解決方法などが見つかるかもしれません。

また、宇宙について知ると「この世界には、人間の目には見えないもの、人間の直観が通用しないものがたくさんあるのだな」ということにも気づけるのではないでしょうか。人間はどうしても、目で見たものを信じてしまいます。また、人間の直観は頭で考えた理屈よりも正しく物事の本質を貫くことがあるのも事実でしょう。ですが、目や直観だけに頼りすぎるのは、やはり危ないと思います。

本書のタイトルは『14歳からの宇宙論』ですが、14歳は「目に見えず、直観が通用しない世界の存在を、自分の目や直観にだまされずに気づけるようになる年齢」だといえるでしょう。宇宙はまさに、人間の視力や直観を超えた世界です。そうした世界を知るためには、何が必要かといえば、論理的な思考です。そうした論理的思考によって組み上げられ、磨き上げられたものが、本書で紹介した数多くの武器、すなわち私たちが生み出したすばらしい科学理論や装置なのです。

とはいえ、私たち宇宙論研究者や天文学者は、「広い視野を持とう」とか「目に見えない世界があることを知ろう」として、そのために宇宙の研究をしているわけではありません。宇宙の不思議さに魅了されて、次から次へ登場する謎にわくわくして、宇宙に向き合っているのです（楽しいことばかりでなく、研究予算が少なくて苦労したり、よい論文が書けずに悩んだりすることも多いのですが）。

そんな私たちの願いは、やはり「宇宙を好きになってください」ということです。何々の役に立つから、とか、そういうことを超えて、私たちが限りない魅力を感じる宇宙のことを、みなさんにもお伝えして、みなさんも宇宙を好きになってほしいのです。

天文学は人類にとってもっとも古い学問の一つです。それはもしかすると、人間の中に「宇宙を知りたい」「宇宙のことが気になる」という一種の遺伝子のようなものが含まれているからかもしれません。そして宇宙を知り、宇宙のことを好きになってもらえれば、宇宙のことをずっと考え続けてここまでやって来た私たち人間のことを、もっと好きになれると思います。

どうかこの小さな本を通して、みなさんが宇宙と人間を好きになってくださることを祈って、本書を終えたいと思います。

文庫版あとがき

本書の元となった単行本『14歳からの宇宙論』が刊行されたのは、二〇一五年一〇月でした。それから現在（二〇一九年五月時点）までの三年半ほどのあいだに、宇宙論と深く関わる大発見がいくつもありました。そのどれもが、天文学史や物理学史に残る金字塔とよべるものです。それらをこの「文庫版あとがき」でご紹介します。

重力波の初観測に成功（二〇一六年）

まず、二〇一六年二月に「重力波の初観測の成功」が発表されました。全米科学財団と国際研究チームが、アメリカの重力波望遠鏡LIGO《ライゴ》を使って、二つのブラックホールの合体によって生じた重力波を史上初めて観測することに成功したと発表したのです。重力波を観測したのは二〇一五年九月のことで、約五ヶ月間かけてデータを慎重に解析した結果、間違いなく重力波を観測したことがわかり、発表されました。

重力波については、本書の141頁で触れています。重力波は重力の変化を光速で伝える波です。重力とは「空間の曲がりが引き起こしている現象」（本書61頁）ですから、重力波は空間の曲がり具合の変化を伝える波でもあります。

重力波の存在を予想したのは、あのアインシュタインでした。アインシュタインは自らがつくった一般相対性理論に基づいて、重力の変化を伝える波である重力波が存在することを一九一六年に予言したのです。ですから、アインシュタインの予言からちょうど一〇〇年かかって、重力波初観測が発表されたことになります。

一〇〇年もかかった理由は、重力波が非常に弱い波だからです。重力波は、物体が加速度運動をすると発生します。ですから、腕を振り回しただけでも重力波は発生しますが、そうした重力波は微弱すぎて絶対に観測できません。非常に重い星が一生の最後に超新星爆発を起こして中性子星やブラックホールが生まれる際（194頁参照）、二つの中性子星やブラックホールが衝突・合体する際など、非常に激しい天文現象において発生する強い重力波だけが、かろうじて観測できるものになります。

最初に観測された重力波は、ブラックホール同士の合体によって発生したものでした。この重力波が地球に伝わってきた時、その影響で空間がわずかに伸び縮みしたことを、重力波望遠鏡ＬＩＧＯがとらえたのです。それは、地球と太陽の距離（約一億

二つのブラックホールが近づきながら重力波を放出するイメージ図
（提供：LIGO/T. Pyle）

五〇〇〇万キロメートル）が、水素原子一個分（約一〇〇〇〇万分の一ミリメートル）強の長さだけ伸び縮みしたというものでした。そんなわずかな変化をとらえなければならなかったのですから、重力波を観測することがどれだけ難しかったか、おわかりになるでしょう。

二〇一七年のノーベル物理学賞は、重力波初観測の業績により、研究グループをリードしてきた三人の科学者（レイナー・ワイス、バリー・バリッシュ、キップ・ソーンの各氏）に授与されました。業績から受賞までの期間がこれほど短いのは、ノーベル賞としては異例のことです。重力波初観測が天文学や物理学に与えたインパクトの大きさを物語るものだといえます（ちなみに重力波の存在は、一九七〇年代に「連星パルサーの公転周期の変化」という現象から、間接的には証明されていました。今回は重力波そのものを直接観測することに成功したのです）。

重力波初観測の三つの意義

重力波初観測の意義として、三つの点を挙げることができます。

第一に、重力波を初めて観測して、重力波の存在を直接確認したこと、それ自体に歴史的な意義があります。重力波の存在は、ブラックホールや宇宙膨張など、一般相対性理論から導かれたさまざまな予言の中で、最後まで実証されていないものでした。しかも、ブラックホールや宇宙膨張は別の科学者が予言したものであるのに対して、重力波は一般相対性理論をつくったアインシュタイン自身が予言しています。ですから「アインシュタインからの最後の宿題が、一〇〇年かけてついに解かれた」として大きな話題になりました。

第二に、一般相対性理論の正しさがあらためて証明されたことが挙げられます。一般相対性理論はこれまで、実際の宇宙におけるさまざまな現象を正しく説明してきましたが、それは比較的弱い重力場（重力がそれほど強くない状況）での検証でした。

一方、ブラックホール同士の合体は極端に強い重力が働く現象であり、そうしたケースでも一般相対性理論が正しいのかは、かならずしも確認できていませんでした。それが今回、一般相対性理論の予言どおりの重力波を観測したことで、強い重力場でも一般相対性理論がきちんと成り立っていることが示されたのです。

本書において、宇宙には正体不明の暗黒物質や暗黒エネルギーが大量に存在するという話をしました（本書の第5章参照）。ですが、研究者の中には、一般相対性理論を少し修正すれば、暗黒物質や暗黒エネルギーといった未知の存在を仮定しなくても、実際の宇宙のようすを説明できるようになる、と主張する人もいます。しかし重力波初観測の成功は、一般相対性理論はきわめて正しいものであって、そう簡単に変更できるものではないことを明確に示したのです。

そして第三に、重力波で宇宙を観測する「重力波天文学」が新たに創始されたことです。重力波の特徴として、他の物質に邪魔されずに何でも通り抜けることがあります。たとえば、超新星爆発によってブラックホールができる際に、ブラックホールの周囲を高温のガスが取り囲みます。すると電磁波がガスに吸収されてしまうので、そのようすを光や電波で観測することはできません。しかし、ブラックホール誕生時に放出される重力波は、高温のガスを通り抜けて私たちの元に届きます。これまで、超新星爆発のメカニズムは大まかにはわかっていましたが、星の中で実際に何が起きているのか、くわしいことは不明でした。それが、重力波の観測によって、私たちはブラックホールが誕生する現場を目《ま》の当たりにできるようになるのです。

連星中性子星からの重力波初観測（二〇一七年）

初めて重力波が観測されたあとも、重力波は何度も観測されました。二〇一七年八月には、確実なものとしては五度目となる重力波が観測されたのですが、これは二つの中性子星（連星中性子星）が衝突・合体したことで発生した重力波であることがわかりました。それまでの重力波はすべて、二つのブラックホール（連星ブラックホール）が合体して生まれたものだったのです。

中性子星同士が合体する際には、重力波だけではなく、さまざまな電磁波が放出されることが理論的に予想されていました。そして実際に、二つの中性子星が合体してから約二秒後に「ショートガンマ線バースト」という爆発現象が観測されました。宇宙最強の爆発現象であるガンマ線バーストが起こるメカニズムには不明な点が多いのですが、今回の観測はショートガンマ線バースト（継続時間が短いもの）の起源を知る大きな手がかりになると予想されています。

さらに半日後には、合体によって新たな天体が誕生して可視光や赤外線を爆発的に放つ「キロノヴァ」という現象が初めてとらえられました。キロノヴァでは、金やプラチナ、ウランといった重い元素がつくられる反応が起こると考えられています。金などの重元素が宇宙の中でどのように誕生したのかは、これまでよくわかっていませんでした。今回の観測結果は、中性子星合体によってキロノヴァが発生し、金などが作られたことを示唆するものになっています。

天体現象を光やニュートリノ、重力波などを観測して多角的に調べる天文学を「マルチメッセンジャー天文学」といいます。連星中性子星からの重力波初観測は、マルチメッセンジャー天文学の本格的な幕開けを告げるものであり、最初の重力波初観測と肩を並べるほどのエポックメイキングな出来事だったといえるでしょう。

ＫＡＧＲＡの本格稼働、そして宇宙重力波望遠鏡建設へ

重力波天文学やマルチメッセンジャー天文学を発展させるには、複数の重力波望遠鏡が必要です。現在、世界の重力波望遠鏡にはＬＩＧＯと、ヨーロッパのＶｉｒｇｏ《ヴァーゴ》、日本のＫＡＧＲＡ《かぐら》（KAmioka GRAvitational wave telescope：神岡重力波望遠鏡）があります。グローバルに展開された重力波望遠鏡が同時観測を行うことで、重力波の発

生源を正確に知ることができるのです。日本のKAGRAは、現在最終調整の段階にあり、二〇一九年内にはLIGOとVirgoが現在行っている共同観測に加わって、本格稼働を開始する予定になっています。

重力波天文学には、さらなる使命もあります。それは、本書でも述べたように、宇宙誕生の際に生まれた原始重力波を観測して、宇宙の始まりの謎に迫ることです（140〜143頁参照）。原始重力波は、個々の天体の運動によって生まれるものではなく、生まれたばかりの宇宙が急膨張（インフレーション）をした時に発生した重力波です。原始重力波を観測できれば、インフレーションがどのようなものだったのかを直接調べることができ、宇宙誕生の謎に迫ることができます。

しかし、原始重力波はインフレーションによって非常に長く引き伸ばされているために、LIGOやKAGRAなど地球上の重力波望遠鏡では観測できません。そのために、宇宙空間で原始重力波を観測するための「宇宙重力波望遠鏡」の建設が必要になります。ヨーロッパの「LISA《リサ》」計画や、日本の「DECIGO《デサイゴ》」計画などが構想されています。実際に宇宙重力波望遠鏡が打ち上げられ、観測が始まるのは一〇年以上先の話でしょうが、今世紀中には原始重力波を観測して、宇宙の始まりの謎に限りなく迫ることができるようになるでしょう。

EHT で撮影した M87 銀河中心のブラックホールの画像
（提供：EHT Collaboration）

ブラックホールの直接撮影に初成功（二〇一九年）

今年四月には、天文学史に残る快挙が新たに報告されました。史上初めて、ブラックホールの撮影に成功したことが発表されたのです。重力波初観測と同じく、テレビや新聞などでも大きく取り上げられましたので、ニュースをご覧になった人も多いことでしょう。

上の画像に写っているのは、地球から約五五〇〇万光年先にある超巨大銀河「M87」の中心にあるブラックホールを可視化したものです。リング状の領域の中にある「黒い穴」の部分は「ブラックホールシャドウ」とよばれます。

ブラックホールの近くを光が通ると、光はブラックホールの強い重力にとらえられて、ブラックホールの周囲を何周かしたあとに、ブラックホールに飲み込まれます。そのために地球からは黒く見える部分が、ブラックホールシャドウです。一方、ブラックホールから少し離れた場所を通る光は、ブラックホールの周囲を何周かしたあとに地球に届きます。これがリング状の明るい領域として見えるのです。

ブラックホールの撮影に成功したのは、日本を含む世界の二〇〇人以上の研究者が参加した国際プロジェクト「イベント・ホライズン・テレスコープ（ＥＨＴ）」です。イベント・ホライズンとは「事象の地平面」とよばれる、ブラックホールの表面にあたる部分のことです（ブラックホールシャドウのうちの四〇パーセントほどが事象の地平面になります）。ＥＨＴでは、世界各地にある八つの電波望遠鏡を結んで、人間でいうと「三〇〇万」に相当する視力でブラックホールを観測し、その姿（影）を超高解像度で描き出したのです。

ブラックホールの周囲にある星やガスの運動のようすや、先ほど話した連星ブラックホールの合体による重力波放出の観測などから、ブラックホールが存在することは確実視されていました。しかし、実際にブラックホールの姿を「見た」人は誰もいなかったのです。私たち人類は今回、初めてブラックホールの姿を見たことになるのですから、これも本当にすばらしい快挙です。

じつは、ＥＨＴでは私たちがいる天の川銀河の中心部にあるとされる巨大ブラックホールも同時期に撮影していて、データの解析が進んでいます。その結果も大変楽しみです。銀河中心ブラックホールをくわしく調べれば、銀河が宇宙の歴史の中でどのように誕生したのかという銀河の進化のようすが明らかになり、宇宙論の進展にもつながることでしょう。また、銀河中心ブラックホールと銀河中心核から噴き出すジェット（細く絞られたプラズマガスの噴出）の関係が解明されることも期待されます。

今回参加した電波望遠鏡には、日本国内のものは含まれていませんが、日米欧で協力してつくったアルマ望遠鏡（南米のチリにあります）がプロジェクトの中核となりました。もちろん、日本人の天文学者も数多く参加しています。今や、日本人の天文学者の数（国際天文学連合の会員数）は、アメリカとフランスに次いで、世界第三位となっており、しかも若い日本人研究者の活躍が目立っていることはすばらしいと思います。

重力波もブラックホールも、これまで理論上の存在だったものが、実際に観測されるようになったのは、天文学のすばらしい成果です。宇宙論も、かつては理論先行でしたが、現在では観測的宇宙論が急速に進展しています。将来、若い読者の皆さんの中から、宇宙の始まりという究極の謎を解き明かし、その観測的な証拠をつかむ人が現れることを楽しみにしています。

二〇一九年五月

佐藤勝彦

本書は二〇一五年一〇月に小社より刊行された『14歳からの宇宙論』（14歳の世渡り術）に加筆、修正して文庫化したものです。

JASRAC 出1905282-901

14歳《さい》からの宇宙論《うちゅうろん》

二〇一九年 八 月一〇日 初版印刷
二〇一九年 八 月二〇日 初版発行

著 者 佐藤勝彦《さとうかつひこ》
マンガ 益田《ますだ》ミリ
編 集 中村俊宏
発行者 小野寺優
発行所 株式会社河出書房新社
〒一五一－〇〇五一
東京都渋谷区千駄ヶ谷二－三二－二
電話〇三－三四〇四－八六一一（編集）
〇三－三四〇四－一二〇一（営業）
http://www.kawade.co.jp/

ロゴ・表紙デザイン 粟津潔
本文フォーマット 佐々木暁
本文組版 株式会社キャップス
印刷・製本 中央精版印刷株式会社

Printed in Japan ISBN978-4-309-41700-4

宇宙と人間　七つのなぞ

湯川秀樹　41280-1

宇宙、生命、物質、人間の心などに関する「なぞ」は古来、人々を惹きつけてやまない。本書は日本初のノーベル賞物理学者である著者が、人類の壮大なテーマを平易に語る。科学への真摯な情熱が伝わる名著。

科学を生きる

湯川秀樹　池内了〔編〕　41372-3

“物理学界の詩人”とうたわれ、平易な言葉で自然の姿から現代物理学の物質観までを詩情豊かに綴った湯川秀樹。「詩と科学」「思考とイメージ」など文人の素質にあふれた魅力を堪能できる28篇を収録。

科学以前の心

中谷宇吉郎　福岡伸一〔編〕　41212-2

雪の科学者にして名随筆家・中谷宇吉郎のエッセイを生物学者・福岡伸一氏が集成。雪に日食、温泉と料理、映画や古寺名刹、原子力やコンピュータ。精密な知性とみずみずしい感性が織りなす珠玉の二十五篇。

言葉の誕生を科学する

小川洋子／岡ノ谷一夫　41255-9

人間が“言葉”を生み出した謎に、科学はどこまで迫れるのか？　鳥のさえずり、クジラの泣き声……言葉の原型をもとめて人類以前に遡り、人気作家と気鋭の科学者が、言語誕生の瞬間を探る！

内臓とこころ

三木成夫　41205-4

「こころ」とは、内蔵された宇宙のリズムである……子供の発育過程から、人間に「こころ」が形成されるまでを解明した解剖学者の伝説的名著。育児・教育・医療の意味を根源から問い直す。

生命とリズム

三木成夫　41262-7

「イッキ飲み」や「朝寝坊」への宇宙レベルのアプローチから「生命形態学」の原点、感動的な講演まで、エッセイ、論文、講演を収録。「三木生命学」のエッセンス最後の書。

孤独の科学

ジョン・T・カシオポ／ウィリアム・パトリック　柴田裕之〔訳〕 46465-7

その孤独感には理由がある！　脳と心のしくみ、遺伝と環境、進化のプロセス、病との関係、社会・経済的背景……「つながり」を求める動物としての人間——第一人者が様々な角度からその本性に迫る。

生物学個人授業

岡田節人／南伸坊 41308-2

「体細胞と生殖細胞の違いは？」「DNAって？」「プラナリアの寿命は千年？」……生物学の大家・岡田先生と生徒のシンボーさんが、奔放かつ自由に謎に迫る。なにかと話題の生物学は、やっぱりスリリング！

「科学者の楽園」をつくった男

宮田親平 41294-8

所長大河内正敏の型破りな采配のもと、仁科芳雄、朝永振一郎、寺田寅彦ら傑出した才能が集い、「科学者の自由な楽園」と呼ばれた理化学研究所。その栄光と苦難の道のりを描き上げる傑作ノンフィクション。

人間はどこまで耐えられるのか

フランセス・アッシュクロフト　矢羽野薫〔訳〕 46303-2

死ぬか生きるかの極限状況を科学する！　どのくらい高く登れるか、どのくらい深く潜れるか、暑さと寒さ、速さなど、肉体的な「人間の限界」を著者自身も体を張って果敢に調べ抜いた驚異の生理学。

快感回路

デイヴィッド・J・リンデン　岩坂彰〔訳〕 46398-8

セックス、薬物、アルコール、高カロリー食、ギャンブル、慈善活動……数々の実験とエピソードを交えつつ、快感と依存のしくみを解明。最新科学でここまでわかった、なぜ私たちはあれにハマるのか？

犬はあなたをこう見ている

ジョン・ブラッドショー　西田美緒子〔訳〕 46426-8

どうすれば人と犬の関係はより良いものとなるのだろうか？　犬の世界には序列があるとする常識を覆し、動物行動学の第一人者が科学的な視点から犬の感情や思考、知能、行動を解き明かす全米ベストセラー！

「雲」の楽しみ方

ギャヴィン・プレイター＝ピニー　桃井緑美子〔訳〕　46434-3

来る日も来る日も青一色の空だったら人生は退屈だ、と著者は言う。豊富な写真と図版で、世界のあらゆる雲を紹介する。英国はじめ各国でベストセラーになったユーモラスな科学読み物。

植物はそこまで知っている

ダニエル・チャモヴィッツ　矢野真千子〔訳〕　46438-1

見てもいるし、覚えてもいる！　科学の最前線が解き明かす驚異の能力！視覚、聴覚、嗅覚、位置感覚、そして記憶――多くの感覚を駆使して高度に生きる植物たちの「知られざる世界」。

この世界が消えたあとの　科学文明のつくりかた

ルイス・ダートネル　東郷えりか〔訳〕　46480-0

ゼロからどうすれば文明を再建できるのか？　穀物の栽培や紡績、製鉄、発電、電気通信など、生活を取り巻く科学技術について知り、「科学とは何か？」を考える、世界十五カ国で刊行のベストセラー！

触れることの科学

デイヴィッド・J・リンデン　岩坂彰〔訳〕　46489-3

人間や動物における触れ合い、温かい／冷たい、痛みやかゆみ、性的な快感まで、目からウロコの実験シーンと驚きのエピソードの数々。科学界随一のエンターテイナーが誘う触覚＝皮膚感覚のワンダーランド。

世界一素朴な質問、宇宙一美しい答え

ジェンマ・エルウィン・ハリス〔編〕　西田美緒子〔訳〕　タイマタカシ〔絵〕　46493-0

科学、哲学、社会、スポーツなど、子どもたちが投げかけた身近な疑問に、ドーキンス、チョムスキーなどの世界的な第一人者はどう答えたのか？

世界18カ国で刊行の珠玉の回答集！

ヒマラヤに雪男を探す

佐藤健寿　41363-1

『奇界遺産』の写真家による“行くまでに死ぬ”アジアの絶景の数々！

世界で最も奇妙なトラベラーがヒマラヤの雪男、チベットの地下王国、中国の謎の生命体を追う。それは、幻ではなかった――。

銀河ヒッチハイク・ガイド

ダグラス・アダムス　安原和見〔訳〕　46255-4

銀河バイパス建設のため、ある日突然地球が消滅。地球最後の生き残りであるアーサーは、宇宙人フォードと銀河でヒッチハイクするはめに。抱腹絶倒ＳＦコメディ「銀河ヒッチハイク・ガイド」シリーズ第一弾！

宇宙の果てのレストラン

ダグラス・アダムス　安原和見〔訳〕　46256-1

宇宙船が攻撃され、アーサーらは離ればなれに。元・銀河大統領ゼイフォードとマーヴィンがたどりついた星で遭遇したのは⁉　宇宙の迷真理を探る一行のめちゃくちゃな冒険を描く、大傑作ＳＦコメディ第二弾！

宇宙クリケット大戦争

ダグラス・アダムス　安原和見〔訳〕　46265-3

遠い昔、遙か彼方の銀河で、クリキット軍の侵略により銀河系は絶滅の危機に陥った——甦った軍を阻むのは、宇宙イチいい加減なアーサー一行。果たして宇宙は救われるのか？　傑作ＳＦコメディ第三弾！

さようなら、いままで魚をありがとう

ダグラス・アダムス　安原和見〔訳〕　46266-0

十万光年をヒッチハイクして、アーサーがたどり着いたのは、八年前に破壊されたはずの地球だった‼　この〈地球〉の正体は⁉　大傑作ＳＦコメディ第四弾！……ただし、今回はラブ・ストーリーです。

ダーク・ジェントリー全体論的探偵事務所

ダグラス・アダムス　安原和見〔訳〕　46456-5

お待たせしました！　伝説の英国コメディＳＦ「銀河ヒッチハイク・ガイド」の故ダグラス・アダムスが遺した、もうひとつの傑作シリーズがついに邦訳。前代未聞のコミック・ミステリー。

長く暗い魂のティータイム

ダグラス・アダムス　安原和見〔訳〕　46466-4

奇想ミステリー「ダーク・ジェントリー全体論的探偵事務所」シリーズ第二弾！　今回、史上もっともうさんくさい私立探偵ダーク・ジェントリーが謎解きを挑むのは……なんと「神」です。

宇宙探偵ノーグレイ

田中啓文　41576-5

怪獣惑星で発生した人気怪獣の密室殺人。全住人が嘘をつけない天国惑星で生じた連続殺人。極秘に事件を解決するために招かれるは、宇宙を股にかける名探偵ノーグレイ！　名探偵は五度死ぬ？

透明人間の告白　上・下

H・F・セイント　高見浩〔訳〕　46367-4　46368-1

平凡な証券アナリストの男性ニックは科学研究所の事故に巻き込まれ、透明人間になってしまう。その日からＣＩＡに追跡される事態に……〈本の雑誌が選ぶ三十年間のベスト三十〉第一位に輝いた不朽の名作。

フェッセンデンの宇宙

エドモンド・ハミルトン　中村融〔編訳〕　46378-0

天才科学者フェッセンデンが実験室に宇宙を創った！　名作中の名作として世界中で翻訳された表題作の他、文庫版のための新訳３篇を含む全12篇。稀代のストーリー・テラーがおくる物語集。

はい、チーズ

カート・ヴォネガット　大森望〔訳〕　46472-5

「さよならなんて、ぜったい言えないよ」バーで出会った殺人アドバイザー、夫の新発明を試した妻、見る影もない上司と新人女性社員……やさしくも皮肉で、おかしくも深い、ヴォネガットから14の贈り物。

人みな眠りて

カート・ヴォネガット　大森望〔訳〕　46479-4

ヴォネガット、最後の短編集！　冷蔵庫型の彼女と旅する天才科学者、殺人犯からメッセージを受けた女性事務員、消えた聖人像事件に遭遇した新聞記者……没後に初公開された珠玉の短編十六篇。

ブロントメク！

マイクル・コーニイ　大森望〔訳〕　46420-6

宇宙を股にかける営利団体ヘザリントン機構に実権を握られた惑星アルカディア。地球で挫折した男はその惑星で機構の美女と出会い、運命が変わり始める……英国ＳＦ協会賞受賞の名作が大森望新訳で甦る。